黑龙江省河流健康评价应用与实践

李铁男　张柠　王俊　周翠宁　著

·北京·

内 容 提 要

本书以黑龙江省主要河流为研究对象，根据黑龙江省河流自然和社会经济发展情况，对“河流健康”概念的内涵、评价体系构成、评价标准、评价技术方法和河流健康管理等理论问题进行分析和总结。通过收集河湖专项调查监测资料获取评价数据，评价松花江及其主要一级、二级支流的健康状况，提出管理和保护建议。

本书可以为河流开发、利用、保护和管理工作提供依据，可供河流管理者、生态与环境保护者、河流开发利用者参考，对流域河流系统治理、水资源保护、水生态保护与修复研究具有一定的借鉴作用。

图书在版编目（CIP）数据

黑龙江省河流健康评价应用与实践 / 李铁男等著. -- 北京 : 中国水利水电出版社, 2023.12
ISBN 978-7-5226-2118-0

Ⅰ. ①黑… Ⅱ. ①李… Ⅲ. ①河流－水环境质量评价－研究报告－黑龙江省 Ⅳ. ①X824

中国国家版本馆CIP数据核字(2024)第025025号

书　　名	**黑龙江省河流健康评价应用与实践** HEILONGJIANG SHENG HELIU JIANKANG PINGJIA YINGYONG YU SHIJIAN
作　　者	李铁男　张柠　王俊　周翠宁　著
出版发行	中国水利水电出版社 （北京市海淀区玉渊潭南路1号D座　100038） 网址：www.waterpub.com.cn E-mail：sales@mwr.gov.cn 电话：(010) 68545888（营销中心）
经　　售	北京科水图书销售有限公司 电话：(010) 68545874、63202643 全国各地新华书店和相关出版物销售网点
排　　版	中国水利水电出版社微机排版中心
印　　刷	天津嘉恒印务有限公司
规　　格	170mm×240mm　16开本　11印张　238千字　13插页
版　　次	2023年12月第1版　2023年12月第1次印刷
定　　价	**58.00**元

前言

河流水系作为地球上自然形成的水循环系统，对地球生态平衡和人类生存发展起着至关重要的作用。河流健康是指河流作为一个生态系统，其整体状况良好，能够维持自然、生态功能和社会服务功能的一种均衡状态。健康河湖对维护生态平衡、提供水资源、调节气候、土壤保持、防风固沙以及支撑经济发展和保护环境等方面都有着重要的作用。

黑龙江省河流众多，河网发育、水系纵横。开展河湖健康评价是《国务院关于实行最严格水资源管理制度的意见》（国发〔2012〕3号）、《中共中央办公厅　国务院办公厅印发〈关于全面推行河长制的意见〉的通知》（厅字〔2016〕42号）、《水利部河长办关于开展2021年河湖健康评价工作的通知》（水利部河湖长制工作领导小组　第78号）等文件中明确要求的一项重要工作，也是一项长远而艰巨的任务。

河湖健康评价是检验河湖长制“有名”“有实”的重要手段，通过评价可以了解河湖管理保护的实际情况，判断河湖长制实施的效果。河湖健康评价结果可以为各级河长、湖长及相关主管部门履行河湖管理保护职责提供参考，也可为促进河湖生态可持续发展提供决策依据。

近年来，黑龙江省深入贯彻落实科学发展观，积极践行可持续发展治水思路，在河流健康评价的理论和应用研究方面做了大量工作。根据黑龙江省河流特点，开发利用和管理保护的需要，依托黑龙江省水利厅河湖健康评价试点研究、黑龙江省应用技术研究与开发计划“基于河长制湖长制的倭肯河劣Ⅴ类水质水体综合治理技术及生态保护示范”等研究项目，对16项评价指标进行了深入研究分析，提出了“黑龙江省河湖健康评价方法”，在黑龙江省河湖健康评价中得到了广泛应用。

本书以黑龙江省主要河流为研究对象，根据黑龙江省河流自然和社会经济发展情况，对“河流健康”概念的内涵、评价体系构成、评价标准、评价技术方法和河流健康管理等理论问题进行分析和总结。本书通过收集、专项调查监测获取数据资料，介绍了不同级别的河流（黑龙江一级、二级、三级、四级支流）健康评价过程和结果，并提出管理和保护建议。

全书共分11章，其中第1章由周翠宁编写；第2章由李铁男编写；第3章由周翠宁编写；第4章由张柠编写；第5章由王俊编写；第6章由张柠编写；第7章由席宏亮编写；第8章由邱朋朋编写；第9章由李铁男、张柠编写；第10章由王俊编写；第11章由李铁男编写。全书由李铁男、张柠、王俊、周翠宁负责统稿。

鉴于作者水平有限，书中不足之处在所难免，敬请读者不吝赐教。

作者
2023年11月

目录

前言

第1章　绪论 …… 1
1.1　地理位置 …… 1
1.2　地形地貌 …… 1
1.3　气候特征 …… 1
1.4　河流水系 …… 2
1.5　水资源特征 …… 2
1.6　水资源开发利用情况 …… 3
1.7　水环境特征 …… 3
1.8　植被资源 …… 4
1.9　矿产资源 …… 6

第2章　“河流健康”概念的内涵 …… 8
2.1　“河流健康”的提出背景 …… 8
2.2　“河流健康”概念的起源 …… 8
2.3　“河流健康”的内涵 …… 9
2.4　不同流域“河流健康”的内涵 …… 18

第3章　我国河湖健康评价工作进展 …… 21
3.1　我国河流健康评价发展历程 …… 21
3.2　各省河湖健康评价工作特色 …… 22

第4章　黑龙江省河流健康评价技术方法 …… 25
4.1　河流健康评价指标体系构建的基本原则 …… 25
4.2　健康影响因子识别 …… 25
4.3　评价河流分类 …… 26
4.4　河流健康评价指标体系 …… 27
4.5　指标内涵与评价方法 …… 27
4.6　河流健康评价得分计算 …… 33

4.7　河流健康评价等级标准 …… 34
第5章　调查监测技术方案 …… 35
5.1　水文水资源指标调查 …… 35
5.2　物理结构指标调查 …… 35
5.3　水质指标调查 …… 37
5.4　水生生物指标调查 …… 37
5.5　社会服务功能指标 …… 38
第6章　松花江健康评价 …… 39
6.1　河流概况 …… 39
6.2　评价河段分段 …… 49
6.3　河流健康评价 …… 49
6.4　河流健康整体特征 …… 60
第7章　嫩江健康评价 …… 62
7.1　河流概况 …… 62
7.2　评价河段划分 …… 66
7.3　河流健康评价 …… 67
7.4　河流健康整体特征 …… 95
第8章　讷谟尔河健康评价 …… 98
8.1　河流概况 …… 98
8.2　评价河段划分 …… 103
8.3　河流健康评价 …… 104
8.4　河流健康整体特征 …… 122
第9章　倭肯河健康评价 …… 124
9.1　河流概况 …… 124
9.2　评价河段划分 …… 129
9.3　健康评价 …… 130
9.4　河流健康整体特征 …… 140
第10章　茄子河健康评价 …… 144
10.1　河流概况 …… 144
10.2　评价河段划分 …… 146
10.3　健康评价 …… 146
10.4　河流健康整体特征 …… 152

第11章　河湖健康管理 …………………………………………………… 154
11.1　河流健康管理建议 ………………………………………………… 154
11.2　河湖健康结果展示 ………………………………………………… 156
11.3　河流健康管理典型案例——倭肯河治理 ………………………… 156
参考文献 …………………………………………………………………… 163
彩图

第1章 绪　　论

1.1 地　理　位　置

黑龙江省位于中国东北部，是中国位置最北、纬度最高的省份，介于东经121°11′～135°05′、北纬43°26′～53°33′之间，东西跨14个经度，南北跨10个纬度。面积为47.3万km^2（含加格达奇区和松岭区），居全国第6位。北部和东部与俄罗斯隔江相望，是亚洲与太平洋地区陆路通往俄罗斯远东地区和欧洲大陆的重要通道，西部与内蒙古自治区相邻，南部与吉林省相邻，东部近日本海。

1.2 地　形　地　貌

黑龙江省地貌特征为“五山一水一草三分田”。地势大致是西北、北部和东南部高，东北、西南部低，主要由山地、台地、平原和水面构成。西北部为东北—西南走向的大兴安岭山地，北部为西北—东南走向的小兴安岭山地，东南部为东北—西南走向的张广才岭、老爷岭、完达山脉。兴安山地与东部山地的山前为台地，东北部为三江平原（包括兴凯湖平原），西部是松嫩平原。黑龙江省山地海拔高程大多为300.00～1000.00m，面积约占全省总面积的58%；台地海拔高程为200.00～350.00m，面积约占全省总面积的14%；平原海拔高程为50.00～200.00m，面积约占全省总面积的28%。

1.3 气　候　特　征

黑龙江省地处我国东北部，属于寒温带与温带大陆性季风气候，高纬度寒区。全省从南向北，依温度指标可分为中温带和寒温带。从东向西，依干燥度指标可分为湿润区、半湿润区和半干旱区。全省气候的主要特征是春季低温干旱，风多雨少，易发干旱；夏季温热多雨，秋季降温急剧，易涝早霜；冬季寒冷漫长，无霜期短，气候地域性差异大。黑龙江省的降水表现出明显的季风性特征。夏季受东南季风的影响，降水充沛，冬季在干冷西北风控制下，干燥少雨。

年平均气温在−5～5℃之间，无霜期为90～170d，年平均降水量为400～600mm。受温带大陆性季风气候影响，年降水量分布不均，年际变化大，冬春季降水较少。黑龙江省降水量与温度均呈现“凸”型，降水量最低值出现在2月，6—9月降水量比较集中；气温波动较大，最高、最低气温分别出现在7月和1月。1−7月降水与温度呈上升趋势，7月达到雨热峰值，7—12月降水与温度同步下降。以2018年降水与温度数据为例，分析年内雨热特征。从时间上看，6月下旬至9月上旬降水相对集中，占全年降水量的70％～80％，其中7月下旬至8月上旬是暴雨的集中期，也是夏汛期的主汛期，易出现洪涝灾害。从空间上看，西部少、东部多，且呈现自西向东逐渐递增的趋势，经常出现西旱东涝现象。黑龙江省水旱灾害种类主要包括凌汛、干旱、洪涝等，平均4年中就有3年出现水旱灾害。近年来，受气候变化异常影响，西部地区从“十年九春旱”发展到几乎“十年十春旱”，夏伏旱和秋旱也时有发生；东部地区则从“以涝为主”转变为“旱涝交替”。特别是局地突发性强降雨多发、频发，台风过境影响也时有发生，危害越来越大，损失越来越重，影响范围也从以农业农村为主逐步扩展到城乡结合。全省洪涝灾害年均损失在20亿元左右，旱灾损失在14亿元左右。

1.4 河流水系

黑龙江省主要有黑龙江、松花江、乌苏里江、绥芬河四大水系。流域面积50km^{2}以上的河流2881条，总长9.21万km。流域面积10000km^{2}及以上河流21条，总长1.03万km。水面面积1km^{2}以上湖泊253个、总面积3037km^2（不含国界外面积）。黑龙江省水界2723km，占全省国境线91％。

1.5 水资源特征

寒区河流水资源季节分配不均匀，河川径流主要受降水和气温控制，其中降水是主要的控制因素，气温状况也会在一定程度上对径流产生影响，如气温的升高会引起冰雪消融过程加剧，从而导致径流的增加。季节性冻土层的季节性冻融循环过程显著影响了地下水的渗流方向、速度和循环方式，这就导致了寒区内水的时空分布与运动规律明显的季节性。实际上，在多年冻土区内因冻土深度、连续性等多种原因的影响，还是产生了一定数量的地下径流。多年冻土径流的特点是冬季径流小甚至无径流。

黑龙江省多年平均水资源量为810亿m^3，在全国排第13位，占全国总量的2.8％。其中，地表水资源量为686亿m^3，与地表水不重复的地下水资源量为

124 亿 m^3。全省人均水资源量为 2125m^3，略低于全国平均水平（2196m^3），在全国排第 14 位。耕地亩均水资源量为 340m^3，仅为全国平均水平（1437m^3）的 24%。综合来看，黑龙江省水资源相对比较丰富，呈现“三少三多”特点。①自产少、过境多。黑龙江、乌苏里江、兴凯湖等界江界湖多年平均过境水资源量约 2710 亿 m^3，是全省地表水资源量的近 4 倍。②平原区少、山丘区多。平原区水资源量仅占总量的 25%，其耕地面积却占全省的 80%；山丘区水资源量占水资源总量的 75%，其耕地面积只占全省的 20%。③发达地区少、欠发达地区多。哈大齐工业走廊地区是黑龙江省经济实力和工业化水平较高的地区，人口占全省的 50%左右，水资源量仅占全省的 22%。大庆地区是国家重点石油和化工基地，水资源量仅占全省的 1.8%；欠发达的大兴安岭地区人口占全省的 1.5%左右，水资源量占全省的 15%。

1.6 水资源开发利用情况

2019 年黑龙江省总用水量为 310.4 亿 m^3，居全国第 5 位，低于江苏、新疆、广东、湖南等省（自治区）；人均用水量为 825m^3，是全国人均综合用水量 431m^3 的 1.9 倍，居全国第 4 位，低于新疆、宁夏、西藏等（自治区）。黑龙江省人均用水量较多，主要是因农业用水量大，且人口数量不多。其中，农业用水量为 274.3 亿 m^3，占总用水量 88.3%；地下水供水量为 135.4 亿 m^3，超过国家下达黑龙江省 2020 年的地下水控制指标 131.3 亿 m^3。2020 年全省用水总量为 314.13 亿 m^3，其中地表水用水量为 182.89 亿 m^3、地下水用水量为 129.42 亿 m^3、再生水和疏干水等用水量为 1.82 亿 m^3，分别占用水总量的 58.2%、41.2%和 0.6%。其中，地下水用水量略低于国家分配 2020 年控制指标。从用水结构上看，2020 年全省农业用水量为 278.4 亿 m^3，占总用水量的 88.6%；工业用水量为 18.5 亿 m^3，占总用水量的 5.9%；生活用水量为 14.9 亿 m^3，占总用水量的 4.8%；其他用水量为 2.3 亿 m^3，占总用水量的 0.7%。

1.7 水 环 境 特 征

1.7.1 水环境本底值

黑龙江流域地处世界三大黑土区之一的中国东北平原，土壤腐殖质含量高，这些腐殖质随着地面径流进入水体，成为流域溶解性有机物（DOM）的自然本底（环境背景）。自然本底的存在导致流域水质有机污染综合指标不能真实反映流域的人为污染，流域背景区内高锰酸盐指数、化学需氧量（COD）背景值范围分别为 3.0～11.7mg/L、14.3～40.5mg/L。

1.7.2 冰封期水体自净能力

河流冰封期水温基本处于0℃，呈现以下特点：生物降解作用相应减少；水面形成的冰层及积雪阻碍了部分污染物的挥发扩散，影响光照条件，使通过光合作用改善水体中溶解氧（DO）条件以及有机污染物受紫外线光解等作用均减弱；同时由于冰封期土壤水冻结、降水转化为积雪等因素的综合影响，河流径流量少，废水入河后，水体自净能力差，污染严重。

1.7.3 点源污染

11月黑龙江省进入冬季冰封期后，在降水转化为积雪、河流冰封等因素的综合影响下，地表径流几乎消失，流域基本无面源污染进入，污染主要以点源为主。

东北地区作为老工业基地，部分重工业和石油化工企业造成有机污染的严重；同时，受冰封期温度影响，低温环境下绝大部分的中温微生物已不能代谢外源物质，微生物降解有机毒物的功能下降，导致污水处理厂效率低下，影响了污水生化处理系统的稳定性。再加上沿江的大城市排污工业废水、城市生活污水排放的COD及氨氮入河排放总量大，造成城市周边河段污染严重。

突发性水环境污染事故一般事前难以预测，不确定性高、风险大、范围广，影响社会生产和人民生活。因“第一个五年计划”（1953—1957年）时期工业布局不合理，长春、吉林、哈尔滨等大城市几乎均沿江建设，部分废水直接入河，污染事件发生后，污染事故响应时间短，使突发性水环境污染风险变大。

1.8 植被资源

黑龙江省南北跨越中温带、寒温带2个热量带，东西横贯湿润、半湿润、半干旱3个湿度带，植物种类繁多。共有高等植物184科、739属、2400种，包括苔藓、蕨类、种子植物。其中，种子植物1764种，占全国总种数的7.2%；642属，占全国总属数的22%；110科，占全国总科数的37%。种子植物中被子植物107科、636属、1747种，裸子植物4科、8属、17种。全省植物分别属长白植物区系（小兴安岭南部、东部山地、三江平原）、大兴安岭植物区系（大兴安岭、小兴安岭北部）和蒙古植物区系（松嫩平原）。植被类型有森林、森林草甸、草甸草原，此外还有隐域性草甸和沼泽。

1.8.1 森林植被

针叶林兴安落叶松林集中分布在大兴安岭和小兴安岭北部，海拔100～1400m之间都有分布。乔木树种主要以兴安落叶松为主，还有少量的樟子松、白桦等。下木以偃松、红瑞木等为主。

云杉林主要分布在张广才岭、小兴安岭的山区中部及河谷两岸，大兴安岭的河谷中也有少量分布。乔木树种主要以鱼鳞云杉为主，其次是红皮云杉，同时混有臭松、红松、兴安落叶松、白桦等。下木以花楷槭、红瑞木、柳叶绣线菊、东北茶藨子等为主。

樟子松林主要分布在大兴安岭北部海拔 900m 以下的山脊和向阳陡坡，树种以樟子松为主，混有兴安落叶松和白桦。下木以杜鹃为主。

针阔混交林和红松阔叶混交林集中分布在小兴安岭、张广才岭、完达山、太平岭地区。主要针叶树种以红松为主，并混有多种阔叶树，常见的有紫椴、青楷槭、花楷槭、蒙古栎、花曲柳等。下木以毛榛子、胡枝子等为主。

蒙古栎兴安落叶松林主要分布在大兴安岭东部，与小兴安岭的红松阔叶混交林相连地带，树种以蒙古栎和兴安落叶松占优势，其中混有黑桦、白桦。下木以杜鹃、胡枝子等为主。

阔叶林阔叶混交林主要分布在张广才岭、老爷岭、太平岭、完达山、小兴安岭地区。林中主要树种有蒙古栎、紫椴、糠椴、黄菠萝、水曲柳、色木槭、胡桃楸、白桦、山杨、春榆、黄榆等，灌木层种类繁多。

1.8.2 草原植被

草原植被主要分布于松嫩平原、三江平原、北部及东部山区半山区。松嫩平原以羊草草甸草原为主，主要草种有羊草、野古草、贝加尔针茅、兔毛蒿、糙隐子草、星星草、冰草、寸草、早熟禾等。三江草原主要类型是沼泽草甸和草本沼泽草甸类，主要草种有小叶樟、大叶樟、乌拉苔草、拂子草、牛鞭草、毛果苔草、柴桦等。山区半山区以疏林草原、灌木草丛和灌丛草甸为主。主要植物种类有胡枝子、榛子、蒙古栎灌丛。草本有大油芒、乌苏里苔草、羊胡苔草、野豌豆、歪头菜等几十种牧草。此外还有甘草、防风、柴胡等百余种中草药。

1.8.3 草甸植被

草甸植被集中分布在三江平原、穆棱河—兴凯湖平原，此外在山间盆地及各大河流的漫滩也呈斑块状、条带状分布。主要草本植物包括小叶樟、广布野碗豆、小白花地榆、黄花菜、蚊子草、紫菀、走马芹、毛茛、小叶樟、芦苇等。

1.8.4 沼泽植被

沼泽植被主要分布在三江平原、兴凯湖平原、乌裕尔河下游一带。大量生长苔草、小叶樟和芦苇等。

1.8.5 食用植物

食用植物的真菌类包括松茸、黑木耳、猴头蘑、元蘑、榛蘑等。野菜类包括蕨菜、黄瓜香、桔梗、猴腿蕨、刺老芽、黄花菜等。野果类包括山核桃、红松籽、毛榛、刺玫果、山葡萄、树莓、草莓、都柿、山丁子、山里红等。

1.8.6 药用植物

药用植物约有627种、387属、108科，遍布于全省山区、丘陵、草原，集中在小兴安岭、张广才岭、老爷岭和完达山等山区及松嫩草原。主要有松萝、狭叶瓶尔小草、东北红豆杉、麻黄、核桃楸、马兜铃、细辛、大叶小粟、黄蔑、野大豆、甘草、黄檗、刺五加、人参、兴安蛇床、伞形梅笠草、龙胆、罗布麻、徐长卿、草苁蓉、党参、平贝母、天麻、防风、龙胆草、黄芪、五味子、平贝、刺五加、桔梗、柴胡、山龙眼、山杏、满山红、黄芩、知母、远志、蒲公英、玉竹、赤芍、车前子、芡实、紫菀、独活等。

1.8.7 濒危植物

在药用植物中，濒危种包括木通马兜铃、长白红景天、高山红景天、黄蔑、人参、草苁蓉、鲇鱼须菠葵、天麻，共8种；渐危种包括狭叶瓶尔小草、紫杉、麻黄、细辛、大叶小巢、刺叶小聚、全叶延胡索、核桃楸、五味子、野大豆、甘草、黄聚、刺五加、条叶龙胆、龙胆、罗布麻、党参、平贝母、白花延龄草，共19种；建议保护的包括东北红豆杉、木通马兜铃。其中人参为东北"三宝"之首，被国家列为一级保护的濒危种。此外，被列入二级保护的有岩高兰稀有种和狭叶瓶尔小草渐危种；被列入三级保护的有牛皮杜鹃、野大豆、兴凯湖松、樟子松、刺五加、黄蓍、黄檗、核桃楸、水曲柳、钻天柳、天麻、草苁蓉、平贝母等。

1.8.8 蜜源植物

蜜源植物主要有紫椴、糠椴、胡枝子、广布野豌豆、毛水苏、白花草木樨，此外还有60余种野生辅助蜜源植物。这些植物对蜂群的发展及蜂蜜、王浆的产量都有很大影响。

1.9 矿产资源

黑龙江省是矿产资源大省。已发现矿产135种，占全国已发现矿产的57%。其中，查明资源储量的有84种，居全国前十位的有50种，石墨、颜料用黄黏土、水泥用大理岩、矽线石等10种资源储量均居全国第一位。黑龙江省矿产资源主要分布在大兴安岭和小兴安岭两个重点成矿带（这两个成矿带已被列为国家重点成矿带）和东部矿区。其中，石油、天然气主要集中在松辽盆地的大庆地区；煤炭主要产于东部的鹤岗、双鸭山、七台河、鸡西和北部的黑河等地；有色金属和黑色金属矿产主要分布在伊春、大兴安岭和哈尔滨的部分县（市）；贵金属矿产主要分布在大小兴安岭及伊春、黑河、佳木斯、牡丹江等地。

石墨已查明资源储量为1.16亿t，约占全国的60%，占世界的40%，代表性矿山有萝北云山、鸡西柳毛等；铜矿查明资源储量为425万t，代表性矿床为多宝山铜矿；钼矿查明资源储量为 286 万 t，代表性矿山为伊春铁力鹿鸣钼矿和大兴安岭岔路口钼矿；铁矿查明资源储量为 4.02 亿 t，代表性矿区为翠宏山铁多金属矿和翠中铁多金属矿；岩金矿查明资源储量为 146t，代表性矿山为东安岩金矿、争光岩金矿；煤炭查明资源储量为 203 亿 t，全省共有煤炭开采企业 822 户，年开采量 8000 万 t 左右；高岭土查明资源储量为 1700 万 t，主要分布在依安、讷河、肇源、鸡西等地；矿泉水查明年可采量 6267 万 m^3，代表产地为五大连池，是世界三大冷泉之一。

煤炭保有资源储量为 203 亿 t，还有预测远景资源近 100 亿 t。从分布上看：双鸭山约为 77.18 亿 t（其中主要有褐煤 50 亿 t、气煤 18.6 亿 t），占全省资源储量的 37.8%；鸡西约为 59.46 亿 t（其中主要有焦煤 21 亿 t、褐煤 18 亿 t、气煤 4.2 亿 t、弱粘煤 6.1 亿 t），占全省资源储量的 29.1%；鹤岗约为 26.69 亿 t（其中主要有焦煤 10 亿 t、气煤 14 亿 t），占全省资源储量的 13.1%；七台河约为 18.42 亿 t（其中主要有焦煤 10 亿 t、无烟煤 1.6 亿 t、贫煤 2.8 亿 t），占全省资源储量的 10%。四市煤炭保有资源储量合计 181 亿 t，占全省资源储量的 90%。其中，龙煤集团占有资源储量 57.7 亿 t，占全省资源储量的 28.3%；龙兴集团占有资源储量 61.8 亿 t，占全省资源储量的 30.3%，二者合计占全省资源总储量的 58.6%。

第2章 “河流健康”概念的内涵

2.1 “河流健康”的提出背景

河流是维持地球生命支持系统的“蓝色动脉”，是人类文明的发源地。一般来说，一条河流的形成，大都经历过板块构造运动、沟谷侵蚀、水系发育、河床调整等历史时期。尽管每条河流的地质条件和地理形态各不相同，但都拥有共同的生命特征。河流具有完整的生命形态，都是由源头、干支流、湿地、连通湖泊、河口尾闾等组成的水循环系统，经过漫长的水流作用，形成了稳定的地貌形态和贯通的水文通道，从而使水体在大气、陆地和海洋之间不断循环。河流是一个有机的生态整体，河流与其间的生物多样性共存共生，构成了一种互相耦合的生态环境与生命系统。在构成河流生命的基本要素中，河流的流量与流速代表了河流生命力的强度，洪水与洪峰标志着河流生命力的能量，水质标志着河流生命的内在品质，湿地则体现了河流生命的多样性。正是由于这些特征，无数的河川溪流才显示了旺盛的生命力。它们昼夜不停地腾挪搬运，以一种巨大的力量维持着生态环境和能量交换的总体平衡。

随着经济快速发展，我国出现人口、资源、环境严重失衡的局面，西方发达国家曾经“先破坏、后治理”的发展模式在我国一些地方重演。河湖水域岸线粗放式利用，水资源无节制开发，乱占、乱采、乱堆、乱建等损害河湖行为时有发生，造成河道阻塞、岸线残缺、河床裸露、水域萎缩、水体黑臭、生物锐减、功能丧失等危害。河湖成为我国水资源短缺、水环境污染、水生态损害等突出水问题表现最为集中的区域。加强河湖管理保护，维护河湖健康成为全社会的愿景，也成为新时期治水管水的主要任务。

2.2 “河流健康”概念的起源

20世纪80年代在欧洲和北美洲，开始了河流保护行动。人们认识到河流不仅是可供开发的资源，更是河流系统生命的载体；不仅要关注河流的资源功能，还要关注河流的生态功能。许多国家通过修改、制定水法和环境保护法，加强对于河流的环境评估。在传统意义上的河流环境评估主要是基于水质的物理-化学测试方法，依据某些技术指标体系进行的评估，其不足是忽略了对于生物栖息地质量的评估，包括水流条件对于鱼类、两栖动物、岸边植被的影响，以及河流水文、水质条件的变化对于河流生态系统退化的影响。后来，在新的生态环境理念的引导下，相关研究者提出了包括水文、水质、生物栖息地质量、生物指标等综合评估方法，相应出现了"河流健康"的概念。

2.3 "河流健康"的内涵

"河流健康"实际上是借鉴人体健康的概念，采用外在和内在两方面的特征来评价河流的健康。"河流健康"对于不同的国情、不同的人群、不同的经济社会发展水平，其标准和内涵有所不同。有关"河流健康"概念，许多学者给出了不同的定义与解释，但作为人类健康的类比概念，"河流健康"的涵义尚不十分明确，各专业学者的理解不一。目前主要有两大主流观点，一种认为"河流健康"应该主要体现在自然属性方面，即如果河流生态系统健康，就可以说河流是健康的；另一种认为，应该以人为本，维持"河流健康"的根本目的还是人类可持续地利用河流资源，认为"河流健康"不仅包括自然生态系统的健康，也应该包括河流防洪安全和为人类提供良好服务的功能。总体上看，对其概念的分歧主要集中在是否包括河流防洪安全和为人类提供良好服务的功能。

2.3.1 从河流生态系统角度看健康河流

基本的河流健康应该是河流生态系统的健康。一个健康的河流生态系统应该具有合理的组织结构和良好的运转功能，系统内部的物质循环和能量流动未受到损害，对长期或突发的自然或人为扰动能保持着弹性和稳定性，并表现出一定的恢复能力，整体功能表现出多样性、复杂性。河流生态系统包括生物部分和非生物部分，生物部分包括生产者（如水生植物和岸边植物）、消费者（如无脊椎动物、鱼类、鸟类）和分解者（微生物、细菌）；而非生物部分（也可以称为生境）是由河流地质、地貌、水文、水体组成。

2.3.1.1 生物部分

（1）河岸植被。河流生态系统与陆地和岸边生态系统关系十分密切，两者之间相互作用和相互影响。岸边植被不仅是陆生植物和两栖动物的栖息地，也是河流生态斑点和水体营养物质的主要提供者，是陆地生态与水生生物联系的纽带。一方面，植物需要阳光，水生植物一般生长在岸边浅水区和河岸边，岸边水流缓慢，常有大量水生植物。岸边植被同时为鱼类、昆虫、鸟类及两栖动物提供栖息地。另一方面，岸边植被和湿地是河水营养物的主要来源，对河水物理化学性质有重要影响。岸边植被不仅对河岸生态系统十分重要，而且对保护河岸稳定、净化水质等有重要作用。岸边有大片湿地，或者一定宽度的植被带是河流健康的重要标志之一。

(2) 生态系统。完整的生态系统结构是生态系统健康最主要的体现。河流中营养物质不断输移，使微生物、藻类、水生及岸边植被、底栖无脊椎动物、昆虫、食草鱼类、食鱼鱼类、涉水鸟类、两栖动物和哺乳动物比例协调，从而形成完整的生态系统结构，即生物等级越低，其种群和数量越大；生物等级越高，种群和数量越小，具有金字塔形完整的食物链和生态系统结构是生态系统健康的基本特征。河流生境的多样性最终体现在生物的多样性上。生物多样性不能仅看生物数量，关键还要看种群数量，优势物种占绝对多数的河流并不是生态系统最好的河流，各种物种都有生存的空间和环境才是生物多样性良好的生态系统。特别是当地特有物种能够健康地生存、珍稀物种能够维持、外来入侵物种少且不构成优势种群才是河流健康的重要标志。

2.3.1.2 非生物部分——环境条件

(1) 良好的河流连续性。河流的连续性是河流生态系统的基本特点。河流连续性不仅是河流的长度方向，而且还体现在四维空间上，其中包括 3 个几何尺度，1 个时间尺度。

1) 河流纵向，即上游与下游之间、干流与支流之间、河口与海洋之间等存在着贯通的河道和水流的联系，称为纵向连续性。河宽由窄到宽，水流由小到大，水位由高到低，沿河长而变化。

2) 河流横向端面，即河道内深槽与浅槽、河床与洲滩湿地、高滩和洪泛区之间存在着密切联系，河滩周期性的淹没和出露，孕育了独特的河岸植被和湿地生境，称为横向连续性。

3) 河流深度，即河床底质与水体之间、深水区与浅水区之间、水面与大气之间、地表水与地下水之间相互沟通，为生物提供了不同的底质、流速、光照和溶解氧等条件，称为河流深度连续性。

4) 河流水位、流量、输沙量、洪水过程、退水过程和枯水过程构成河流演变及水生生物的时间周期，称为河流水流的时间连续性。

由于人类活动对河流连续性产生了巨大的影响，也有学者将人类水资源利用作为第五维，参与河流连续性进行分析，但因人类活动影响尚难以定量分析，目前还处于探索阶段。显然，河流的连续性越好，水流流动、泥沙和营养物质输送、植物种子输送、产漂类鱼卵漂流和洄游鱼类通道会更加自由和通畅，河流的健康特征越明显。

(2) 充满活力的水文过程与水动力学过程。洪水和干旱等水文过程是河流基本特征之一。季风气候导致降水（降雨和降雪）和产流（超渗产流、冰雪融化和地下水补给）的随机性，从而决定了河流水文过程的随机性，包括河流水位、流量、泥沙及营养物质含量等参数的变化。水文过程、河道坡降和糙率等边界条件又决定了河水和泥沙运动的水动力学特征，即河水流速、洪水波、急流和缓流等。河流水文和水动力过程不仅构成了河流演变的基本动力因素，也为水生生物提供了基本的生存环境。河流生物经过千百年的演变，已经适应了河流水文和水动力特性的变化，这些变化的特征构成了河流生态系统循环的指示标志。例如，许多鱼类只有在特定的流速、水温或水位变幅条件下才能产卵或洄游。因此，河流的"生命"或者说"活力"特征就在于河流水文和水动力特性季节性和年际的变化。

(3) 平衡的泥沙和营养物质输移通道。健康河流的重要标志就是具有足够的动力以完成泥沙搬运和营养物质的输送，并最终将携带泥沙及营养物质的水流输送入海。所以，水沙（包括水体盐类等化学物质）输送是河流最基本的功能。在河流水沙输送和能量传递过程中，河床形态在水沙作用下不断发生调整，入河污染物的浓度和毒性借助水体的自净作用逐渐降低，源源不断的水流和丰富多样的河床为河流生态系统中的各种生物创造了生境。因此，河流的河床塑造功能、自净功能和生态功能可以视为其水沙输送和能量传递转换功能的外延。从河床演变角度看，健康的河流应该是来沙与输沙平衡，河床基本不冲不淤，或是在一定时间内冲淤平衡，即河床是稳定的。

(4) 丰富多彩的河流形态和断面形态。河流流经不同的地质、地貌、气候和陆地生态区，同时降水将陆地岸边营养物质和生态信息带入河流，形成顺直、弯曲和分汊河道，构成了河流水系的生态走廊。河流从上游到下游河道由窄到宽、由直到曲、由单一河道到分汊河道，到河口还可能形成多河道入海口，形成三角洲，这些河道变化都是由河道地质地貌上的差异和携带泥沙的水流向河道横向和深度方向冲刷淤积引起的，构成了河流独特的生境特点，组成了河流生态"走廊"。

从河道断面看，主槽、副槽、浅滩到高滩，随着水位和流量的变化，构成具有季节性变化的、丰富多彩的生物栖息地。弯曲的河道不仅构成了河流自然的美丽，而且产生了水生生物的栖息地：高滩和岸边湿地是树木、灌木、鸟类和两栖动物的栖息地；浅滩、水位变动区和浅水区是水生植物、两栖动物、无脊椎动物和幼鱼的栖息地；缓流区是静水鱼类和无脊椎动物的栖息地。

主泓和副槽是急流鱼类洄游和活动的通道。河流生物为了适应急流环境，其栖息地由不同大小的生物斑点构成。这些斑点为生物提供了避难处、觅食处和产卵处，是水生生物生活和繁育的场所。所以，从自然生态系统来看，河道越复杂，生态斑点越多，生物栖息地越具有多样性，生物多样性就越丰富。反之，缺乏生态斑点的河流，其生物多样性不会丰富。当然，河流生态斑点的数量与航运、岸线利用等人类经济活动又有冲突或者矛盾，人们常常认为它们碍航，或者增加河道的糙率，影响行洪，而从生态系统角度看，生态斑点是河流生态系统的基本环境要素。

（5）良好的水质。适宜生物生存的水质包括水体的物理、化学和生物特性。水的物理特性包括温度、色度、嗅、味、浑浊度、透明度、总固体、悬浮固体、可沉固体、电导率（电阻率）等。水的化学性质指标包括 pH 值、硬度、阳离子、阴离子、总含盐量、有机质等。水体中还包括有毒的化学物质，如重金属、氰化物、多环芳烃、卤代烃、各种农药等。水体含氧平衡指标包括溶解氧（DO）、化学需氧量（COD）、生物需氧量（BOD）等。水体的生物特性包括水体的透光性、水温和营养水平等。适宜水生生物生存的水质包括随季节变化的水温、浊度，适度的矿物成分和营养水平，较高的溶解氧，较低的有毒有害污染物质含量等。水生生物多样性良好的水体，由于生态系统结构完整，水质一般是良好的，是能够满足人类生产和生活用水质量的要求，这就是一些学者认为“只要生态系统健康，河流就是健康的”这种说法正确的主要原因。

2.3.2 从人类利用角度看健康河流

人类文明起源于河流，人类生产和生活需要源源不息的淡水资源，也需要通过河流进行交通运输，要在河里捕鱼维持生计，当然更需要在河岸边修建堤防，抵御洪水威胁，保障居住地和耕地的安全。近代，人类需要可靠的水源和电力以支持城市化和工业化，需要在河道上修建水库及水电站。从人类利用的角度来说，健康的河流应该是洪枯变化小，流量均匀，水质良好，河床和岸线稳定的河流。这具体表现在河岸和河床稳定、洪水和泥沙能够安全通过、水流在时间地区分配上均衡以及充分利用水能发电、供水和灌溉、航运和旅游等方面。

2.3.2.1 河岸和河床稳定

由于人口增长和土地资源的有限性，我国已经不具备让河流自由泛滥或者大幅摆动的条件，一般只在已建堤防范围内小幅变动，这样可以保证堤内耕地和沿岸地区居民的生命和财产安全，将行洪道与人类生活区域分开，保障人民生活和生产的安全。

对于通航河道，一般需保证河道主流或者中泓稳定，枯季河道中泓仍然保证一定通航水深，使航道达到基本的通航标准。河岸稳定对于涉河工程安全和有效使用至关重要，航运、码头、取水口、桥梁、堤防和滩地资源利用都需要相对稳定的河岸和河床。

2.3.2.2 洪水和泥沙能够安全通过

河流是水流、泥沙和营养物质向海洋输送的通道，河道应该具有与流域产沙相适应的输沙（包括营养物质）能力，水流应具有与流域产沙、河道输沙均衡的挟沙能力。在较长的时间范围内，流域产沙、河道输沙、河口三角洲向外延伸是河流生命的体现，一旦这种平衡被打破，河流利用就会出现问题。如产沙多，输沙少，河道就会淤堵，洪水危害就会加重。反之，清水下泄，河道会产生不正常的冲刷，对河岸和河床稳定构成危害。所以，水浑不一定是坏事，关键要看是否能够输入河口，或者淤在何处。

2.3.2.3 水流在时间地区分配上均衡

由于受季风气候的影响，地球上的河流都存在时间上分配不均的问题。而人类用水与河流来水及河流分布往往存在矛盾，除了农作物用水与季节有一定的相关性外，工业、生活、航运和旅游等人类用水都需要河流来水均匀或者稳定，这也是人类需要在河道上修建水库的原因。通过水库的调节，可以使河流中原本变化无常的水流变成比较平稳的水流。同样，水资源分布和人类用水在地区间也存在巨大的差异，解决该问题的方法主要是修建跨流域调水工程。

2.3.2.4 充分利用水能发电

水从高山流出，由于水流与海平面有较大的落差，使其蕴藏了巨大的水能资源。水能是可再生能源，与煤和石油等化石燃料比较，也更加清洁，所以人类需要在尽量减少移民和生态环境影响的条件下，开发和利用水能资源。

2.3.2.5 供水和灌溉

由于天然来水具有随机性，而绝大部分的人类居住地附近没有稳定和良好的天然水源，为了有可靠的生活、工业生产和农业灌溉用水，人类必须建设水源工程（取水设施和水库）、引水工程、灌区工程、自来水厂、加压站（或泵站）和输水管网等水利工程或者设施。随着人口的增加，粮食产量急需提高，而耕地面积很难扩大，想要靠提高粮食产量来解决新增人口的需求，就需要靠灌溉农业这一重要途径来提高粮食产量，所以从河流和水库中引调部分河水来灌溉农田是十分必要的。

2.3.2.6 航运

河道交通是人类对河流最早的利用方式之一，目前仍然是大宗原材料和产品的重要运输方式。世界范围内的许多河流都具有巨大的航运功能，如中国的长江、美国的密西西比河和跨欧洲多国的多瑙河等都是著名的内河航运大河。我国流域面积大于100km^{2}的河流中，可通航河流有5600多条。我国内河通航里程约11万km，长江、珠江、淮河、松花江等河流水运发达。

2.3.2.7 旅游

河流、洲滩、江中岛、河滩湿地、高山峡谷、鱼类和鸟类，这些都构成了美丽的水文化景观。河流及河边是人类休闲和旅游的好地方，在河上行舟、岸边垂钓、水中游泳和滑水都需要河里有干净的或者流动的水流。

2.3.3 从人类持续利用角度看健康河流

河流既能满足生态系统健康，又能满足人类利用河流的要求，无疑应该是最好的河流健康标准。在工业革命以前，人类用水量较小，对河流水资源开发和利用的能力有限，除了修建堤防、围垦土地和砍伐森林外，对河流连续性影响不大，水污染问题也不突出。当时的人类活动没有明显改变河流的自然属性，只是间接且有限地影响着河流，那时世界上大多数河流都能满足自然和人类服务健康双重要求。后来随着工业革命、人类物质生产消费和生活水平的提高，人类活动对河流自然属性的影响越来越大，目前世界上大多数河流都会受到人类活动的影响，只有人类开发活动较少的少数河流或河段还能同时满足自然和人类服务健康两种功能要求。生态系统健康与河流为人类提供良好服务功能两者在许多方面是有矛盾的，两者在时间和空间的交集分布情况需要研究和探讨。如果两者能够共存，或者互让一步，来共同满足基本的需求可能是最好的选择。

然而问题的难点是两者的基本要求在什么条件下能够得到满足。生态系统的要求比较明确，即河流生态系统能够维持，或者恢复到工业革命时代以前的生态系统；而人类对河流开发和利用的要求变化较大，不仅随经济社会发展阶段和水平的变化而变化，而且在同一时期，不同人（包括不同观点和不同利益的人）会有不同的要求。河流为人类服务的功能是主观的，例如：一些富人希望在河边建房子居住，独享河边水文化景观；而政府希望河边作为社会公共景观而存在，让全民共同享用；生态与环境学家认为河边应该被保护起来，保留一定陆地与河流的植被过渡带，不应该进行开发。这三类人对河流服务功能的需求是不一样的，都是从自身主观意识出发的。所以，为了人类可持续地利用河流，只能在主观上去适应客观要求，除非人类不需要自然生态系统，建设一个人造生态系统，但后者可持续利用的价值与前者相差很远。要自然的客观需求满足人类的主观要求十分困难，作为研究者只能提出一个备选的“菜单”，由决策者根据当时多数人的意愿选择河流开发与保护的平衡点，保证河流的可持续利用。

河流生态系统健康一般来说是客观的。天然河流受到的压力主要来自自然条件的变化，如气候变化和正常的水文周期变化，同时还包括来自稀遇的大洪水和严重的干旱过程的干扰。对于自然的干扰，一般经过一段时间后，河流生态系统就会自动修复，达到新的平衡状态。但由于人类活动的影响，水流过程更多地受到人类的调控，天然河流逐渐向人工河流转变。人工河流的主要特点包括河道经过渠化、从上游到下游由梯级水库首尾衔接、河流水流过程主要受人为控制、河岸由堤防和山体组成、河岸也大多经过衬砌或者加固、河道和岸边自然生态系统退化。人工河流如果管理良好，是可以为人类提供良好服务的，但一旦自然生态系统遭到破坏，人类想培养新的物种、观赏当地特有物种、享受自然景观的机会则大为减少，不符合广义“河流健康”

的理念。

“河流健康”的内涵包括以下内容：

(1) 遇洪水来临，可以保证堤内人们生产和生活安全，如遇大洪水造成的损失不大，或者损失是国家、社会和个人可以承受的。防洪安全是人类对河流最基本和最原始的要求，保证洪水不泛滥是人类治河的原动力。但安全是相对的，要保证大部分时间内（20～100年）和重要的地方（如城市）的安全性；而遇特大、稀遇的洪水，或者不重要地方（如分蓄洪区）遭受洪水淹没，要保证淹没区的居民能通过洪水保险、政府补偿等非工程措施减少损失，使受灾群众能够承受损失并得到相应补偿。

(2) 水功能区基本达到要求。对河流水质的要求也是人类生活和生产用水的基本要求，应该得到满足。当然，比较科学的方法是根据不同区域及服务功能的要求分别达到水功能区的要求。对于中国河流而言，如果在2020—2030年水功能一级区达标率达到95%，水功能二级区达标率达到90%，就比较理想。

(3) 枯季河流流量、水位能够满足人类用水和航运基本要求。由于气候变化和人类用水需求的增加，枯季供水和用水安全问题日益突出，保障河流枯季基本水流及水位就显得越来越重要。

(4) 干流及主要支流水系连续性基本可以维持。连续性是河流水系健康的基本属性，包括上游与下游之间，支流与干流之间，河流横向与周边湿地之间，河流深度底质、深水与浅水、地表水与地下水之间，年内和年际之间自然的水文过程等多维的连续性。

(5) 保证基本的环境流。环境流可以定义为河流生态与环境需要的基本流量及过程，包括河流的枯水、洪水及全年的水文过程，河流水量、流量、流速、水位变幅等水文和水动力学要素，天然水体物理化学和营养物质输移及入海水量。

(6) 河流特有和珍稀物种可以维持和生存。特有和珍稀物种是特定河流环境的“产物”，具有独特性，甚至是唯一的。这些物种能够生存和维持是河流健康最主要的表象。

(7) 在非敏感河段，水能可以充分利用，生态调度作为水库调度的基本内容之一。水能资源是可再生能源，在解决好移民和生态环境问题的前提下，充分开发水能对于中国能源发展战略十分重要。

(8) 河岸、堤防和中泓稳定，生态护岸占加固堤岸的90%，岸边有大片植被、湿地过渡带等。

(9) 干流及支流河源、生态环境敏感河段及河口作为保护河段。保证河流连续性最主要的措施是设立一定范围的保护河段，禁止或者限制对生态和环境不利的开发活动。

以上这些方面虽然不一定全面，甚至会有一些矛盾或者冲突，但可以基本反映出广义“河流健康”的基本思想，即必须在满足人类防洪安全和基本用水安全的前提下，尽量多地设立保护河段，维持河流生态与环境的良好状况。

人类对河流的认识经过漫长的阶段。要实现保护河流、修复河流生态、维持河流健康的目的，首先要明确什么是健康的河流。从河流本身来看，“河流健康”就是生态系统未被破坏，保持结构完整、稳定的状态。从河流对人类的利用价值来看，“河流健康”不仅仅是指生态系统的延续完整性，还指河流能为人类提供必要的服务功能。从河流管理与河流保护的角度来看，健康的河流是指通过管理达到原生生态系统的河流。

2.3.3.1 只强调生态健康的“河流健康”定义

在全球范围内，由于人为活动的增加，河流健康状况正在恶化。同时，经济发展和工业扩张导致了各种环境问题，这些问题反过来也影响到人类生活和自然状况。为解决河流污染、水量不足等一系列环境问题，在河流生态学的价值理念引导下，20 世纪 80 年代“河流健康”的概念首先在欧洲和北美地区提出，随后得到很多同样面临严重河流危机的发达国家的呼应。“河流健康”作为评估生态系统的一种工具，为新兴起的生态系统管理所采用，逐步为大众所熟知。早期，人们把河流生态系统比作一个有生命的有机体，强调生物和生态系统，认为健康的河流应能抵御外界影响，具有恢复能力。1972 年美国“清洁水法令”为“河流健康”设定了一个包括物理、化学、生物的完整性的标准，成为河流健康评价的指导性标准。即“河流健康”是指河流维持生物、化学和物理的完整性，而完整性是指生态系统的自然结构、功能保持稳定的状态。国际自然与自然资源保护联盟对“河流健康”的定义侧重于河流的流量，认为维持河流的流量是河流健康可持续发展的首要条件。健康的河流必须具备维持动物、植物、水生生物正常生存所需的流量。

对于什么是健康的河流，一些学者也提出他们自己的理解。Karr 将“河流健康”等同于生态的完整性，河流的水量、水质、生物等方面保持自然状态，通过河流中物种的丰富度来衡量。1996 年，Schofield 等从生态系统的观点出发，强调了河流生态系统的自然属性。他认为健康的河流是与同一类型没有受到破坏的河流的相似程度来判断，尤其是在生物多样性和生态功能方面。1999 年 Simpson 等明确指出认为“河流健康”是指生态系统对河流及其岸边带的生物群落具有维持生存、物质交换的功能，生态系统能支持、维持河流生态过程的持续稳定，河流未受人类干扰前的原始状态就是河流的健康状态。Costanza 等认为健康的生态系统是指在外界胁迫情况下也能够完全维持其结构和功能的可持续性且稳定的生态系统。

这些定义均从生态的角度出发，寻求不受人类干扰、原始的状态，重点在于强调河流的自然属性。然而，随着经济活动的逐步发展，寻求河流的理想状态是不可能的，河流健康的评估标准变成一个相对"健康"的目标，即考虑河流维持自然功能，也考虑人类生存和发展的需要。自此，生态系统健康进入一个与人类社会服务功能相关的新阶段。

2.3.3.2 包含人类价值的"河流健康"定义

"河流健康"与人类生活息息相关，很多的生产、生活离不开河流。中国自古就有"天人合一"的哲学思想。河流的健康问题与人类活动密切相关，针对"河流健康"的定义，有学者提出需考虑人类价值的影响。1997年Meyer融合了河流的自然属性、社会属性，提出健康的河流生态系统就是指河流生态系统结构和功能的正常维持，同时包含生态系统的社会价值。刘昌明认为"河流健康"是维持正常的自然功能，同时能提供一定的社会服务功能，强调河流与人类的可持续发展。2003年澳大利亚新南威尔士州健康河流委员会认为"河流健康"应与环境、社会、经济特征相适应，能支持社会发展。2006年Vugteveen等认为"河流健康"应充分考虑人类社会、经济发展的需求。

我国针对"河流健康"的研究起步较晚，最早是由李国英在黄河保护的实践中提出维持黄河健康生命就是要维持黄河的生命功能。董哲仁从河流健康管理的角度出发，认为"河流健康"是一种管理的评估工具。刘恒等充分考虑社会经济价值，认为"河流健康"的基本范畴表现在水、土、植物和功能4个方面，社会经济价值体现在满足生产生活的需要上。杨文慧、赵彦伟等也认为生态特征与生态服务功能的持续供给相协调才是健康的河流。2007年文伏波等认为健康的河流在为人类提供服务的同时，不对人类健康、社会经济构成威胁。2008年吴阿娜等指出"河流健康"是某一种特定的良好状况，能维持结构完整性、发挥自然、社会功能，并明确将实现河流管理目标作为服务功能的体现。2015年冯文娟等提出"河流健康"基于自然、社会属性，保证社会经济的可持续发展。2017年高凡等强调了社会服务功能在现阶段的意义，持续为人类提供生态服务，且实现综合价值最大化。我国的"河流健康"发展与国外一致，经历了重生态系统功能到强调社会服务功能的过程。随着时间的推进，社会服务功能的具体要求和表现也在逐步调整中。

"河流健康"的定义尚未形成统一的观点。其定义并非是严谨的学术概念，而是河流管理的工具、手段。对"河流健康"定义的具体陈述各有不同，但总的来说，"河流健康"应考虑生态价值、人类价值。生态价值就是维持生态的完整性、保持河流的恢复能力；人类价值包括供水、提供水产品等直接利用价值，以及为水生生物提供栖息地等间接利用价值。对"河流健康"的定义是评价河流状况的工具，其最终目的是让河流能够可持续发展。

2.4 不同流域"河流健康"的内涵

2.4.1 健康长江的内涵

长江长达 6300 余 km，跨越我国三大阶地，水系流经地区的自然条件和经济社会条件差异巨大。长江的健康对不同的地区、不同的河段有不同的要求和标准，如长江源头段人烟稀少，人类活动对长江健康的直接影响很小，比较接近自然河流，满足河流生态系统健康一般可以同时满足人类对河流利用的需求；而长江中下游地区，人类开发活动剧烈，主要干支流已经罕有自然河段，满足人类利用的需求占主导地位，较难全面满足生态与环境的需求，或者只能部分满足生态系统的需求。

健康长江的内涵在总体上，应该在保持长江生态系统可循环、人类"节约"利用水资源和精细利用河流资源条件下，充分发挥河流为人类服务的各项功能。在长江各河段由于自然和社会经济发展不同，健康的内涵有一定差别。在江源、各级支流源头、省级以上保护区河段、生态环境脆弱区河段、省界河段应该以生态系统健康为主要标准。其他河段应该采用广义健康的概念。

根据《河流健康评价理论及在长江的应用》一书，健康长江的内涵包括以下几个方面：

(1) 水土资源与水环境。长江具有足够的水量供给和维持河流的动力和活力，满足水沙平衡、生物生境和入海水量的需要；水质能够满足水功能区水质目标的要求；水土流失得到有效控制，河道泥沙含量满足冲淤的基本平衡；血吸虫病得到有效控制。

(2) 河流完整性与稳定性。河流的上中下游、干支流、河湖的连通性较好；湿地保留率适当；河势保持良好的状态，能够满足水流连续性、通航、水生生物生境、防洪除涝等的需要。

(3) 水生生物多样性。具有丰富的水生生物：珍稀和特有水生动物能够生存繁衍；以鱼类为标志的生物多样性得到有效保护；经济鱼类的种群数量得到较好的恢复。

2.4.2 健康黄河的内涵

"河流健康"的标准是某时期人类利益和其他生物利益达到平衡，因此要确定现阶段黄河健康生命的标准，就需要从人类和其他生物对黄河的需求分析着手，人类对黄河的需求主要反映在安全的水沙通道、良好的水质和足够的水量供给等方面。黄河水患始终是中华民族的心腹之患，能否保证黄河具有足够大的排洪能力而使洪水不致灾是人类对黄河的第一期望。良好的水质则是维持人类生命和健康安全的关键环节，水是人类生存和发展的基本条件，经济发展往往在很大程度上依赖于水量保障程度，但黄河的供水能力是有限的，人们不能期望它满足自己无限的要求。维持河流的生态功能已经成为当今世界各国流域管理者的共识，其目的在于维持系统中生物群落的正常演替和食物链正常运行。黄河生态系统需要河流提供的服务主要包括水质和水量方面，生物对水质的要求与人类对水质的要求是一致的，但对中枯水年河流，生物对水量的要求往往与人类的用水要求存在着突出的矛盾。综合分析现阶段黄河健康的标志，可以概括为具有连续的河川径流、具有安全的水沙通道、具有良好的水质水量，以此来满足人类经济社会和河流生态系统可持续发展的需求。河流生态系统的健康状态往往比较直观而生动，而且与河川径流基本成正比关系。因此国外常将指示性物种生物多样性等指标作为河流健康的指标，考虑到黄河健康生命标志的社会接受和认知要求，黄河水资源严重短缺的现实需借鉴国外经验，因此可将现阶段黄河健康生命标志进一步表达为连续的河川径流、安全的水沙通道、良好的水质、可接受的河流生态系统有一定的供水能力等几方面。

2.4.3 健康淮河的内涵

维护淮河生命健康应体现在，探索更加符合自然规律的治淮方略，有效管理淮河洪水，完善淮河防洪减灾体系，结合南水北调东线工程建设，发挥治淮效益，统筹兼顾流域水资源的节约、保护和优化配置，理顺流域综合管理体制，约束和规范人类自身活动，推动经济增长方式转变，达到人水和谐，促进淮河流域自然、环境、社会、经济的全面可持续协调发展，建设健康、绿色淮河，造福流域人民，重现“走千走万，不如淮河两岸”的繁荣、发展、健康、和谐景象。

建立健全防洪除涝体系维护淮河健康生命，必须有完善的防洪除涝体系。1951 年，淮河成为新中国成立后第一条进行全面系统治理的大河。1991 年，国务院《关于进一步治理淮河和太湖的决定》确定实施治淮 19 项骨干工程，至 2007 年已基本完成目标，初步建成了淮河流域防洪体系框架，但总体而言，淮河防洪除涝标准仍然偏低，19 项骨干工程还存在一定的局限性，洪涝灾害频发的局面也未从根本上改变。

因此，进一步治理淮河，应围绕社会发展的要求，继续坚持“蓄泄兼筹”的治淮方针，全面规划、统筹兼顾、标本兼治、综合治理、构建较为完善的流域防灾、减灾、水资源保障体系，加快流域综合规划修编，加大治淮投资力度，提高治淮工程建设管理水平，完善非工程设施建设。

2.4.3.1 完善水资源的优化配置

淮河流域水资源的优化配置应以资源配置、水量和水质统一管理为基础，统筹考虑，结合南水北调工程的实施，积极推进水资源的合理开发、高效利用、综合治理、优化配置、全面节约、有效保护和科学管理。加强水资源配置对水资源调度的指导，防洪安全与洪水管理相结合，提高水资源可利用量；以流域全局观念和发展的观点，积极建设节水型社会，统筹解决好生产、生活和生态用水，建立水总量控制与定额管理相结合的初始水权分配机制；重视发挥治淮建设项目的水资源配置作用，促进水资源的合理调配和可持续利用。

2.4.3.2 改善水生态环境

加强淮河流域水生态的环境保护，应深入系统研究各种污染源因素机理，不断加强污染点源治理、面源入河量控制、内源的综合治理，建立以排污权为基础的水环境保护机制；营造湿地生态处理系统，修复水生态，维护和提高淮河水体的自然净化能力；采取工程、技术等措施，加强淮河流域重点水土流失区的水土保持治理；逐步完善流域地下水监测体系，实现地下水大幅度回升和采补平衡；强化水功能区管理和重点河道入河排污口管理；积累经验、创造条件全面遏制水生态环境的恶化趋势，全面修复与保护流域水生态环境，实现生态系统平衡和良性循环。

2.4.3.3 推进流域综合管理

水利发展“十一五”规划提出，要逐步建立各方参与、民主协商、科学决策、分工负责的权威、高效、协调的流域管理机制，统筹兼顾各方利益，实行流域综合管理。推进淮河流域综合管理，应建立实施流域综合管理的法律法规体系，进一步理顺水资源管理体制，建立协调机制，加强流域的统一管理与规划，发挥流域机构河流代言人作用，实现依法综合管理；建立完善的推动流域综合管理的行政与经济手段相结合的政策体系和激励机制，拓宽公众参与渠道，建立信息共享、信息发布的机制和平台，确保利益相关人的有效参与和公平，创建有利于淮河流域经济社会发展的市场环境。

2.4.3.4 发挥淮河代言人作用

淮河水利委员会是水利部在淮河流域和山东半岛区域内的派出机构，代表水利部行使所在流域内的水行政主管职责，是淮河的代言人。发挥淮河代言人的作用，应根据新时期水利工作的任务和要求，从淮河水资源的可持续利用，支持流域经济社会可持续发展这个总体目标出发，在流域综合管理实践中将淮河的水源、水量、水质、水生态、水环境以及水资源可持续利用统筹考虑，始终坚持着维护河流健康生命的方向，履行着时代赋予的历史使命。

2.4.3.5 进一步探索淮河的治理思路

淮河治理是一项十分复杂的系统工程，一方面体现在淮河自身的复杂性，另一方面体现在人类社会的经济生活对淮河治理不断提出新的要求。治淮具有艰巨性、复杂性、长期性。探索淮河的进一步治理思路，应加强对淮河重大问题的研究，提高对淮河规律性的认识，加强对淮河的长远治理论证和规划，以解决淮河流域人民群众最关心、最直接、最现实的利益问题为出发点和落脚点，努力推进淮河流域综合管理，实现淮河长治久安，保障流域经济社会健康可持续发展。

第3章 我国河湖健康评价工作进展

3.1 我国河流健康评价发展历程

相较于国外，我国河流健康评价起步较晚。2000年以前，虽然已经在流域污染控制与治理过程中取得了一些成果，但工作重心仍主要集中于水质改善与恢复，对水生态系统的认识和重视不足，没有建立起基于水生态系统健康的管理体系。2000年以后，我国学者逐步重视河湖健康评价相关研究工作，在2010—2012年、2013—2016年分别开展了两期河湖健康评估试点工作。2010年发布了《河流健康评估指标、标准与方法》，辽宁、福建、浙江、江苏、广东、山东等省相继出台了评价导则、规范。2020年8月，为深入贯彻落实中共中央办公厅、国务院办公厅印发的《关于全面推行河长制的意见》《关于在湖泊实施湖长制的指导意见》要求，指导各地做好河湖健康评价工作，水利部河湖管理司组织南京水利科学研究院等单位编制了《河湖健康评价指南（试行）》，进一步丰富和完善了我国河湖健康评价指标体系和评价方法，我国河湖健康评价工作进入了“新时代”。

福建省于2019年发布了《福建省生态河流评估指标体系和方法（试行）》，从水文水资源完整性、物理结构完整性、化学完整性、生物完整性和社会服务功能完整性等多个方面着手，建立了较为完善的评价体系。2019年、2020年连续两年对全省179条流域面积在200km^{2}以上的河流开展全面评价，并发布《福建省河湖健康蓝皮书》。

2020年，安徽省全面推行河长制，并以皖河长办函〔2020〕9号文发布文件，要求全面推进安徽省河湖健康评价工作，包括2021年年底前完成设立省级河长湖长的3河9湖和60条（个）市级河长湖长负责的河段（湖区）健康评价工作（不低于市级任务的40%）；2022年年底前各市全面完成设立市级河长湖长的河段（湖区）健康评价工作；2023年年底前各县全面完成设立县级河长湖长的1022条（个）河段（湖区）健康评价工作。

2020年9月，西藏自治区总河长办公室组织试点开展了关于拉萨河、纳木错湖的健康评价工作，为全自治区全面铺开河湖健康评价工作提供了范本。2021年，西藏自治区总河长办公室印发了有关工作要点，积极落实专项经费，全面开展河湖健康评价工作，实现了21个自治区级河湖健康评价工作全覆盖。2021年12月31日全自治区累计完成健康评价工作河湖可达35个，自治区内重要河湖健康评价工作覆盖率达100%。

云南省河湖健康评价工作也于2021年逐步启动。曲靖市、红河州、丽江市、临沧市和迪庆藏族自治州获得2020年美丽河湖建设省级以奖代补的州（市）开展全域河湖健康评价，编制州（市）全域重点河湖健康评价报告；其余州（市）依托州（市）河长湖长负责“一河（湖、库、渠）一策”滚动修编工作，鼓励有条件的县（市、区）级河长组织第三方开展健康评价，乡（镇）级、村级视情况灵活选择河湖健康评价单项指标进行单项评价。

此外，江苏省于2010年就开展了较大范围的河湖健康评价工作，浙江省也属于开展河湖健康评价较早的省份。黑龙江省按照“应评尽评”的原则开展河湖健康评价工作，预计到2025年年底，完成全省752条河流、197个湖泊健康评价。辽宁、江西、湖南、四川、山东等省均在努力推动河湖健康评价工作。

3.2 各省河湖健康评价工作特色

3.2.1 广东省

广东省以《河湖健康评价指南（试行）》和《河湖健康评估技术导则》（SL/T 793—2020）为基础，在评价指标上体现了广东特色，在结合广东区域发展实际、详细查阅相关技术标准与行业指导书籍的基础上，充分考虑广东河湖地区差异、亚热带气候特征、城市化进程、河道形态以及地方河湖长制相关工作基础，编制了《广东省河湖健康评价技术指引》和《广东省2021年河湖健康评价工作评估方案》。在《河湖健康评价指南（试行）》构建的河湖健康评价体系基础上，调整“河道纵向连通性指数”等评价理念与广东河流实情有偏差的指标计算方式，简化“鱼类保有指数”等无法获取指标参照值的指标计算方式，新增“碧道建设综合效益”和“流域水土保持率”两项特色指标，以突出广东省“万里碧道”建设成效与水土流失的关注度。河湖健康评价标准制订得“广东化”，充分确保了广东省河湖健康评价工作更合理、评价反映河湖健康压力更趋于真实状态。

3.2.2 辽宁省

辽宁省结合河流、湖库的特点，构建河湖（库）健康评价指标体系，其中河流必选指标12项，包括流量过程变异程度、生态流量满足程度、河岸带状况、河流连通状况、溶解氧状况、耗氧有机污染物状况、大型底栖动物生物完整性指数、鱼类生物损失指数、水功能区达标率、水资源开发利用率、防洪保证率、公众满意度；可选指标4项，包括重金属污染状况、陆生动物群落结构、类栖息地状况、历史文化价值指数。河流、湖库评价标准依据辽宁省1956—2000年主要水文站流量数据（辽宁省第二次调查评价成果）、《河湖生态需水评估导则》（SL/Z 479—2010）、国外河流、湖库健康评价相关技术标准（美国《快速生物监测协议》、《国家地表水生物标准计划指南》，澳大利亚《河流状况指数》），以及我国《地表水环境质量标准》（GB 3838—2002）、《地表水资源质量评价技术规程》（SL 395—2007）等防洪相关技术标准等，采用参考点位法、现有标准法、模型推算法、历史状态法、专家判断法及预期管理目标法，建立了河流、湖库健康评价指标的计算方法、赋分标准。

3.2.3 浙江省

浙江省河湖健康及河流水生态健康评价指南加入了生态缓冲带指数指标，综合考虑河流生态缓冲带宽度及其植被覆盖度，确定供水保障程度指标，评价河段（湖区）所有供水工程的水量保证程度。管控能力适应指标主要从是否编制岸线保护与利用规划、涉河涉堤项目审批是否规范、有无违法违规、有无破坏生态行为等4方面进行评价。

3.2.4 湖北省

湖北省河湖健康评价标准加入了流动性指数指标、缓冲带宽指标、完整性与人为干扰程度指标。评价河段未完成划界确权任务、河段内水利工程有重大安全隐患、有大体量的乱建乱堆乱占情形、有省级挂号且未销号或未整改到位的“四乱”问题。叶绿素a浓度指标与体制机制指标，依据河湖治理管护体制机制“八有”进行评估。评价项目包括是否有完整的河湖长制责任链条、是否有明晰的河湖管护责任主体、是否有规范的河湖管护标准、是否有科学的监测监控体系、是否有高效的联动平台和综合执法平台、是否有明确的考核机制、是否有完备的共建共享模式、是否有系统的综合治理方案、是否有完善的体制机制。

3.2.5 福建省

福建省发布《福建省河湖健康蓝皮书》，明确河湖健康评价体系包括河流的生态流量保障程度、水资源开发利用率、水质优劣程度、溶解氧浓度状况、水鸟状况、生物入侵状况、公众满意度等14个评价指标，评估增加了公众大数据的采集和分析，把老百姓对河流保护的评价和满意度很好地融入评价工作，这在全国是一个创新。

3.2.6 黑龙江省

黑龙江省水利科学研究院结合黑龙江省季节性河流和冬季漫长等实际情况，开展寒区河湖健康评价研究，历经五年时间，在黑龙江省50条（个）大小河流、湖泊、水库及城市内河健康评价中探索实践，提出了河流、城市内河、湖泊、水库健康评价的路径和方法，编写了《黑龙江省河湖健康评价技术规范》（T/HHES 002—2022）和《黑龙江省河湖健康评价报告编制导则》（T/HHES 003—2022），重点针对河湖水文水资源、物理结构、水质、水生生物、社会服务功能等方面开展健康评价。其中，《黑龙江省河湖健康评价技术规范》（T/HHES 002—2022）在评价指标体系构建上，充分考虑了黑龙江省自然地理条件及高寒地区季节性河湖管理工作重点，设置了用于判断河湖基本健康状况评价指标和用于分析可能对表征性指标产生影响的受损因子的诊断指标，同时优化了部分评价指标的评价方法和赋分标准。与已出台的行业标准《河湖健康评价导则》（SL 793—2020）及水利部印发的《河湖健康评价指南（试行）》相比，适用性、可操作性更强。《黑龙江省河湖健康评价报告编制导则》（T/HHES 003—2022）给出了评价报告格式框架，对文字表述、图件制作、评价结果公开等做了明示，创新提出了河湖健康二维码、河湖健康档案的样式，为河湖管理者和公众及时了解掌握河湖健康状态提供了平台和窗口，填补了行业标准和规范性文件的空白。《黑龙江省河湖健康评价技术指南》将天然湿地保留率和取水口规范化管理率作为了条件必选指标，同时将大型底栖无脊椎动物生物完整性指数和入河排污口规范化建设率作为必选指标（当河湖有天然湿地、防洪工程、取水口、入河排污口时，应将对应指标列为必选指标）。

第4章　黑龙江省河流健康评价技术方法

4.1　河流健康评价指标体系构建的基本原则

4.1.1　科学性原则

评价指标和评价方法应有合理的科学依据，能够客观反映黑龙江省河流的健康状况。

4.1.2　指导性原则

评价指标的选取具有前瞻指导性，评价结果能够对农村环境质量的监测、农村环境保护和生态建设工作起到指导作用。有利于黑龙江省河流健康问题诊断，促进河流生态保护与修复，提升区域水生态文明意识，促进流域经济可持续发展。

4.1.3　可操作性原则

评价指标的选取应与地区经济、技术发展水平相适应，具有可操作性。制订过程中应考虑相关部门的实际工作情况，确保评估所需数据的可获取性和可用性。评价方法及评价过程科学、简单、可操作性强。

4.1.4　差异性原则

河流健康评价涉及水资源、水域岸线、水污染、水生态、河流管理、社会服务等多种要素，评价指标应全面、系统，能够体现不同类型河流的健康差异性，避免评价结果千篇一律。

4.2　健康影响因子识别

河流健康评价指标体系应在分析维持河流健康生命内涵的基础上，充分体现河流自然生态功能和社会服务功能均衡发挥的理念，在指标选取、标准划分、权重确定等方面，统筹考虑人类、河流自身生态系统的需求，促进河流的自然生态效益和社会经济效益的协调平衡。黑龙江省河流健康评价指标体系构建，是在国家河流健康评估指标体系的框架下，进一步结合黑龙江省河流生态和社会服务功能的实际特点，对评价指标体系进行了优化调整。河流健康评价指标分类应包含水文水资源、河流物理结构、水环境特征、水生生物特征、社会服务功能等5个方面内容。

在准则层指标的基础上，筛选指标层指标。指标的选取依据以下文件：《黑龙江省河湖健康评价技术规范》(T/HHES 002—2022)、《河湖健康评估技术导则》(SL/T 793—2020)、《防洪标准》(GB 50201—2014)、《生物多样性观测技术导则淡水底栖大型无脊椎动物》(HJ 710.8—2014)、《渔业生态环境监测规范第3部分：淡水》(SC/T 9102.3—2007)、《水库渔业资源调查规范》(SL 167—1996)、《水环境监测规范》(SL 219—2013)、《水利水电工程水文计算规范》(SL 278—2002)、《地表水资源质量评价技术规程》(SL 395—2007)、《河湖生态环境需水计算规范》(SL/T 712—2021)、《入河排污口管理技术导则》(SL 532—2011)等10项相关标准及规范，《中华人民共和国水法》(2016年)、《入河排污口监督管理办法》(2015年)、《黑龙江省采砂管理办法》(2021年)、《黑龙江省河道管理条例》(2018年)、《黑龙江省水利工程管理条例》(2018年)、《取水许可管理办法》(2017年)、《水资源管理监督检查办法(试行)》(2019年)、《水功能区监督管理办法》(2017年)等8项法律法规，以及《关于开展河湖健康评价工作的通知》(黑河办字〔2021〕23号)、《黑龙江省河湖健康评价技术指南》(黑河办字〔2021〕23号)、《河湖管理监督检查办法(试行)的通知》(水河湖〔2019〕421号)、《黑龙江省取用水管理专项整治行动实施方案的通知》(黑河办字〔2020〕23号)、《黑龙江省实施〈入河排污口监督管理办法〉细则的通知》(黑水规发〔2018〕1号)、《黑龙江省河湖"清四乱"专项行动方案的通知》(黑水发〔2018〕219号)、《国务院关于实行最严格水资源管理制度的意见》(国发〔2012〕3号)等7项重要文件。

4.3 评价河流分类

黑龙江省河流健康评价指标体系综合考虑不同地区河流生态环境本底特征不同，社会经济发展以及对河流的干扰影响方式和程度也存在差异，不同类型的河流水体承担的功能、管理目标也不同。

4.3.1 城市内河

城市内河承担城市的排涝、景观和旅游等功能，水体自净能力普遍偏差，污染主要来源于城镇排污、城市面源污染。

4.3.2 河流

河流水流流动性较强，溶解氧比较充足，层次分化不明显，具有栖息地、通道、过滤、屏蔽、源汇等多种功能和作用，为人类的生产生活提供物质资源与休闲娱乐场所等。污染主要来源于城镇排污、农业面源污染。

4.4 河流健康评价指标体系

寒区河流健康选取了合适的指标体系进行综合评价，反映了寒区河流健康总体状况，也可采用评价体系中确定的指标进行单项评价，反映寒区河流某一方面的健康水平。

寒区河流健康的内涵不仅包括河流生态系统结构的完整性，也包括河流服务人类所具有的社会价值，因此寒区河流健康评价既要能全面、准确地体现河流的生态系统自然健康情况，也要能反映出寒区河流服务社会的情况。寒区河流健康指标体系应从自然属性和社会属性两大角度出发，选出合理可行的指标体系。在选择指标体系时，应满足科学性、系统性、可持续性和实用性等原则。评价指标体系采用多层次框架结构，具体包括目标层、准则层和指标层3个层次。其中，目标层为寒区河流健康，健康河流评价的对象是河流系统，评价目标是河流的健康状态，因此，将河流健康状态作为评价指标体系的目标层，它是寒区河流系统的总目标；准则层也可理解为分目标层，包含反映水文水资源、河流物理结构、水环境特征、水生生物特征、社会服务功能等共5个评价准则；指标层是可以直接度量的指标，也是影响准则层的主要要素。

评价指标的选择既考虑了寒区河流的自然属性，又考虑到了寒区河流的社会属性。评价指标主要反映了寒区河流水文水资源、河流物理结构、水环境特征、水生生物特征、社会服务功能5个方面健康状况的11个指标，具体将其划分为5个准则层：水文水资源（生态用水满足程度、纵向连通指数）、物理结构（岸带状况、天然湿地保留率）、水质（水质优劣程度）、水生生物（大型底栖无脊椎动物生物完整性指数、鱼类保有指数）、社会服务功能（防洪指标、公众满意度、入河排污口规范化建设率、取水口规范化管理率）。

4.5 指标内涵与评价方法

4.5.1 生态流量满足程度

（1）概念。流量是维持河流健康至关重要的一个方面，对保证河流生态系统的稳定、保持河道及周围湿地生态环境的健康具有重要意义。生态流量是指水流区域内保持生态环境所需要的水流流量，是维持下游生物生存生态平衡的最小水流量。对于有连续日径流量监测数据的河流，用满足生态流量的天数占全年天数的比例进行评价计算。生态流量目标值的确定按SL/T 712—2021中的规定执行。

(2) 指标值计算及赋分方法。对于有连续日径流量监测数据的河流，用满足生态流量的天数占全年天数的比例进行评价计算。生态流量目标值的确定按 SL/T 712—2021 中的规定执行。

对于有监测资料的河流，按公式 (4.1) 计算：

$$C=\frac{N_i+N_n+N_f}{N}\times 100 \tag{4.1}$$

式中 C——河流生态流量满足程度指标赋分；

N_i——河流冰封期日径流量大于等于冰封期生态流量或生态需水量的天数，d；

N_n——河流非汛期日径流量大于等于非汛期生态流量或生态需水量的天数，d；

N_f——河流汛期日径流量大于等于汛期生态流量或生态需水量的天数，d；

N——全年天数，d。

4.5.2 河流纵向连通指数

(1) 概念。自然河道受人类活动，尤其是水电站、大坝及其他水利工程修建的干扰，使得河流上下游的纵向连续性中断，对其自净能力以及生物洄游通道产生不利影响。维持水系连通可以明显地改善湿地生态环境、维持湿地生态环境及生物多样性、保障防洪安全和水资源可持续利用。

(2) 指标值计算方法。河流水体连通性用每 100km 河长内影响整条河流连通性的建筑物或设施数量进行评价计算，影响河流连通的建筑物或设施不包括已有过鱼设施且发挥作用的闸坝、不影响鱼类通过的小型跌水工程和溢流坝，具体计算方法可用公式 (4.2) 来表示：

$$K=\frac{T}{L}\times 100 \tag{4.2}$$

式中 K——河流纵向连通指数；

T——影响河流连通的建筑物或设施数量，个；

L——评价河流（段）长度，km。

(3) 指标赋分方法。按线性插值法赋分，赋分标准见表 4.1。

表 4.1 河流纵向连通指数赋分标准

河流纵向连通指数（个/100km）	0	0.2	0.25	0.5	1	≥1.2
赋分/分	100	80	60	40	20	0

4.5.3 岸带状况

(1) 概念。河岸带指河流水域与陆地相邻生态系统之间的过渡带，其特征由相邻生态系统之间的相互作用的空间、时间和强度所决定。河岸带一般根据植被变化差异进行界定，鉴于采用观察地形、土壤结构、沉积物、植被、洪水痕迹和土地利用方式来确定河岸带存在一定困难，因此，本书所描述的河岸带是指河道管理范围。

（2）指标值计算方法。岸坡稳定性和岸带植被覆盖度权重分别为 0.4 和 0.6。

岸坡稳定性评价，按公式（4.3）计算：

$$BKSS=(SAS+SCS+SHS+SMS+STS)/5 \tag{4.3}$$

式中 $BKSS$——岸坡稳定性指标赋分；
SAS——岸坡倾角分值；
SCS——岸坡植被覆盖度分值；
SHS——岸坡高度分值；
SMS——基质类别分值；
STS——坡脚冲刷强度分值。

岸带植被覆盖度评价，按公式（4.4）计算：

$$PC_r=\frac{A_c}{A_a}\times 100\% \tag{4.4}$$

式中 PC_r——岸带植被覆盖度，%；
A_c——岸带植被垂直投影面积，km^2；
A_a——岸带面积，km^2。

（3）指标赋分方法。岸坡稳定性指标评价要素及分值标准见表 4.2，岸带植被覆盖度赋分标准见表 4.3。

表 4.2 岸坡稳定性指标评价要素及分值标准

评价要素	分值			
	100	75	25	0
岸坡倾角/(°)	≤15	≤30	≤45	≤60
岸坡植被覆盖度/%	≥75	≥50	≥25	≥0
岸坡高度/m	≤1	≤2	≤3	≤3
基质（类别）	基岩/护岸	砂石	黏土	非黏土
岸坡冲刷状况	无冲刷迹象[①]（护岸无变形）	轻度冲刷[②]（护岸轻度变形）	中度冲刷[③]（护岸中度变形）	重度冲刷[④]（护岸重度变形）

注 ①无冲刷迹象指近期内岸坡未发生变形破坏，无水土流失现象。
②轻度冲刷指岸坡有松动发育迹象，有水土流失迹象，但近期未发生变形和破坏。
③中度冲刷指岸坡松动裂痕发育趋势明显，一定条件下可以导致岸坡变形和破坏。
④重度冲刷指岸坡水土流失严重，随时可能发生大的变形和破坏，或已经发生破坏。

表 4.3 岸带植被覆盖度赋分标准

岸带植被覆盖度/%	≥75	50	25	5	0
赋分/分	100	50	25	5	0

4.5.4 天然湿地保留率

(1) 概念。河流水文水资源、物理结构等方面的变异往往成为天然湿地退化的重要驱动因素。天然湿地面积大小可用于反映河流生态环境状况的优劣程度，湿地面积越大，意味着可为河流生物提供更多的生存空间。同样，河流受干扰的程度越小，相应的自然化程度就越高，河流的生态环境功能也就越健康。

(2) 指标值计算方法。用现状湿地面积与历史湿地面积比例进行评价计算，计算方法可用公式（4.5）来表示。

$$WRI=\frac{\sum_{n=1}^{N_s}AW_n}{\sum_{n=1}^{N_s}AR_n}\times 100 \tag{4.5}$$

式中 WRI——天然湿地保留率，%；

AW_n——第 n 个湿地评价天然湿地面积，km^2；

AR_n——第 n 个湿地历史上（20 世纪 80 年代或以前）天然湿地面积，km^2；

N_s——评价河流有水力联系的湿地个数，个。

(3) 指标赋分方法。按线性插值法赋分，标准见表 4.4。

表 4.4 天然湿地保留率赋分标准

天然湿地保留率/%	≥93	86	72	44	≤16
赋分/分	100	75	50	25	0

4.5.5 水质优劣程度

(1) 概念。水是人类赖以生存和发展的基础，河流作为人类生存发展的命脉，为人类提供了丰富的水资源，满足了人类供水、灌溉、发电、航运和休闲娱乐等多种需要，是社会经济发展的重要支撑和保障。如果河流水质遭到污染，会使自然状态的河流结构受到不同程度的破坏，生物多样性丧失，诸多生态功能也会因此而减弱或丧失。

(2) 指标值计算方法。河流水质类别应按《地表水环境质量标准》（GB 3838—2002）中规定的地表水环境质量标准基本项目标准限值确定。有多个水质项目浓度均为最差水质类别时，分别进行评分计算，取最低值。有多次监测数据时应采用多次监测结果的平均值，有多个断面监测数据时应以各监测断面的代表河长作为权重，计算各个断面监测结果的加权平均值。

（3）指标赋分方法。按河流水质类别确定赋分区间，用最差水质项目实测浓度值进行评价计算，按线性插值法赋分。水质优劣程度赋分标准见表 4.5 的规定，受背景值影响不能达到Ⅲ类水质的断面直接赋分 70 分。

表 4.5 水质优劣程度赋分标准

水质类别	Ⅰ、Ⅱ	Ⅲ	Ⅳ	Ⅴ	劣Ⅴ
赋分/分	(90，100)	(70，90)	(55，70)	(40，55)	0

4.5.6 大型底栖无脊椎动物生物完整性指数

（1）概念。大型底栖无脊椎动物在水生态系统中具有相对稳定的生活环境，对外部干扰敏感，水质的变化直接影响其空间分布和群落结构的变化，因此底栖动物在长期监测有机污染物慢性排放及响应水质污染负荷的累积方面具有优势。在未受干扰的情况下，大型底栖无脊椎动物群落结构稳定，生物种类及个体数量适当；当水质受到污染，底栖动物组成易发生变化，这主要与不同种类的大型底栖无脊椎动物对水体污染具有不同的耐受力和响应方式有关。

（2）指标值计算及赋分方法。根据底栖动物的群落特征变化评价水环境污染与水生态的整体变化，有助于对水生态系统的水质状况与水体富营养化程度进行客观评价。大型底栖无脊椎动物生物完整性指数（B-IBI）评价和赋分应符合公式（4.6）的规定。

$$BIBIS=\frac{BIBIO}{BIBIE}\times 100 \tag{4.6}$$

式中 $BIBIS$——评价河流大型底栖无脊椎动物生物完整性指数赋分；

$BIBIO$——评价河流大型底栖无脊椎动物生物完整性指数监测值；

$BIBIE$——河流所在水生态分区大型底栖无脊椎动物生物完整性指数最佳期望值。

4.5.7 鱼类保有指数

（1）概念。鱼类占据着河流生态系统食物链的顶端，是河流生态系统中主要的消费者，对河流生态系统稳定性的维系十分关键，生存受到各种尺度环境因素的影响，在维持整个水生态系统的健康和生物多样性水平中具有重要作用，其群落结构的退化与生境质量下降密切相关。大多数鱼类对环境变化十分敏感，对水体环境具有良好的指示作用，是河流生态最敏感最可靠的指示者之一。

（2）指标值计算方法。有历史参考点鱼类种数的河流，用对比现状调查获得的鱼类种数与历史参考点鱼类种数的差异状况进行评价，按公式（4.7）计算。

$$FOEI=\frac{FOC}{FEC}\times 100 \tag{4.7}$$

式中 $FOEI$——鱼类保有指数，%；

FOC——评估河流调查获得的对水环境敏感的鱼类种类数量，种；

FEC——参照对象鱼类种类数量，种。

（3）指标赋分方法。按线性插值法赋分，标准见表4.6。

表4.6 鱼类保有指数赋分标准

鱼类保有指数/%	100	85	75	60	50	25	0
赋分/分	100	80	60	40	30	10	0

4.5.8 堤防工程达标率

（1）概念。为保护沿河居民的生命财产安全，堤防、水库等防洪减灾水利工程应人类的需求而逐步建设，是反映河流社会服务功能的重要指标之一。

（2）指标值计算方法。河流堤防防洪标准达标率用达到防洪标准的堤防长度占总长度的比例进行评价，按公式（4.8）计算。

$$FLDE=\frac{RAL}{RL}\times 100\% \tag{4.8}$$

式中 $FLDE$——河流堤防工程防洪达标率，%；

RAL——河流达到防洪标准的堤防长度，km；

RL——河流堤防总长度，km。

（3）指标赋分方法。赋分标准应按SL 793—2020的规定执行，见表4.7。无相关规划对防洪达标标准规定时，应按GB 50201—2014的规定执行。有水库防洪调节的河流，防洪标准按实际防洪能力核定。

表4.7 河流防洪工程达标率赋分标准

河流防洪工程达标率/%	95	90	85	65	50
赋分/分	100	80	60	20	0

4.5.9 公众满意度

（1）概念。流域公众对河流生态系统服务功能的满意度评价是人们长期以来各种微观感受的累积效应，是多指标、多层次的。通过对公众累积感知水平调查研究和数据分析，可以进一步解释河流生态服务满意度评价的因果过程，识别影响河流生态服务满意度的关键因素，对区域河流生态服务功能的实现进行有效的评价。从而合理分配有限的河流生态资源，提高河流生态服务水平，实现河流生态价值。

（2）指标值计算方法。用公众调查方法对河流水资源、水域岸线、水环境、水生态等方面的满意程度评价。

（3）指标赋分方法。有效调查问卷数量不宜少于100份，赋分取评价河流周边公众赋分的平均值。

4.5.10 入河排污口规范化建设率

（1）概念。入河排污口规范化建设评价要素应包括在排污口入河流处竖立明确责任主体及监督单位、公布举报电话和微信等其他举报途径的标志牌；暗管和潜没式排污口在院墙外、入河流前设置明渠段或取样井；重点排污口应安装在线计量和视频监控设施等，按全要素评价。

（2）指标值计算及赋分方法。用规范化建设的入河排污口数量占总排污口数量的比例进行评价计算，计算方法可用公式（4.9）表示。

$$R_G=\frac{R_i}{R}\times 100 \tag{4.9}$$

式中 R_G——入河流排污口规范化建设程度赋分；

R_i——规范化建设的入河流排污口数量，个；

R——入河流排污口总数，个。

当河流无入河流排污口时，入河流排污口规范化建设率指标赋分为100分。

4.5.11 取水口规范化管理率

（1）概念。取水口规范化管理评价要素包括有取水许可证、按审批的水量范围取水、计量设施正常运行等，按全要素评价。

（2）指标值计算及赋分方法。用规范化管理的取水口数量占评价取水口总数量的比值进行评价计算，可按公式（4.10）计算：

$$FLDE=\frac{RAL}{RL}\times 100 \tag{4.10}$$

式中 $FLDE$——取水口规范化管理程度指标赋分；

RAL——规范化管理的取水口数量，个；

RL——取水口总数量，个。

当河流无取水口时，河流取水口规范化管理率指标赋分为100分。

4.6 河流健康评价得分计算

4.6.1 指标分值

指标分值按公式（4.11）计算：

$$F=\sum_{i=1}^{i}(F_i\times W_i) \tag{4.11}$$

式中 F——评价指标分值；

F_i——第 i 个河段（湖区）的评价指标分值；

W_i——第 i 个河段（湖区）的权重；

i——评价河段（湖区）数量。

河段权重为河段长度占评价河流长度的比值。诊断指标不参与赋分评价，作为分析评价指标产生健康问题的重要依据。

4.6.2 准则层分值

准则层分值应按公式（4.12）计算：

$$Z = \sum_{n=1}^{n} (F_n \times W_n) \tag{4.12}$$

式中 Z——准则层分值；

F_n——该准则层中第 n 个评价指标分值；

W_n——第 n 个评价指标在该准则层中的权重；

n——该准则层中评价指标数量。

4.6.3 河流健康分值

河流健康分值应按公式（4.13）计算：

$$H = \sum_{m=1}^{m} (Z_m \times W_m) \tag{4.13}$$

式中 H——河流健康分值；

Z_m——第 m 个准则层的分值；

W_m——第 m 个准则层的权重；

m——准则层数量。

4.7 河流健康评价等级标准

根据综合评价结果，寒区河流健康状况分为 5 类：非常健康河流、健康河流、亚健康河流、不健康河流、劣态河流。

第5章　调查监测技术方案

5.1　水文水资源指标调查

5.1.1　调查监测项目

（1）评价河段水文站基本信息，包括水文站名称、断面所在位置、水文站类型等信息。

（2）河段典型断面评估年逐日、月均、年均径流量。

（3）水库位置、拦河闸坝位置。

5.1.2　技术要求

（1）评估河段内有水文站的河段，优先选用水文站监测数据。

（2）没有水文站的河段，可以根据相邻水文站监测数据进行合理推算。

（3）统计无过鱼设施的拦河闸坝。

5.2　物理结构指标调查

5.2.1　监测点位

每个评价河段内设置1个或多个监测点位。监测点位确定原则如下：

（1）监测点位选在顺直河段，避免选择河道转弯处。

（2）河岸带稳定性监测点位根据河段特点分别选取，监测点位位置宜与水文站、水质监测点位、水生生物监测点位保持一致。

（3）综合考虑代表性、监测便利性和取样监测安全保障等确定多个备选点位，结合现场勘察最终确定合适的监测点位。

5.2.2　监测河段

根据监测点位设置监测河段，监测河段范围采用固定长度法确定，以监测点位基准点，上下游各延长500m（共计1km）作为评价河段。

5.2.3　监测断面

沿河岸线按照100m等宽将监测点上下游500m监测河段等分为10个单元，作为监测断面，共计11个监测断面。

5.2.4 监测项目

(1) 岸坡稳定性调查包括岸坡倾角、岸坡高度、岸坡植被覆盖度、岸坡冲刷程度、岸坡基质。

(2) 岸带植被覆盖度。

5.2.5 技术要求

5.2.5.1 岸坡稳定性技术要求

(1) 岸坡倾角测量采用“坡度测量仪”，记录监测断面的坡度。

(2) 岸坡植被覆盖度测量采用“网格法”，用测绳围出1m×1m的样方区。取出每条边上的四等分点，将样方区划分成4个×4个格样区。记录网格内是否有植物，对过一半的格样区按照满格计算，没有过一半的格样区按照没有植物计算。将测量结果记录后进行计算，用有植物格数除以总格数就能得到岸坡植被覆盖率。

(3) 基质特征的测量采用观测法，用于识别采样点处基质的种类。基质特征分为基岩（人工护砌）、岩土、黏土和非黏土四类。基岩是指风化作用发生以后，原来高温高压下形成的矿物被破坏，形成一些在常温常压下较稳定的新矿物，构成存在于陆壳表层风化层之下的完整岩石。岩土可细分为硬岩（坚硬）；软岩（次坚硬）；软弱联结的；松散无联结的；具有特殊成分、结构、状态和性质的5大类。黏土指含沙粒很少、有黏性的土壤，水分不容易从中通过，黏土是可塑性的，包括高岭土、多水高岭土、颗粒非常小的硅酸铝盐。非黏土，黏粒含量甚少，呈单粒结构，不具有可塑性，一般指碎石类土和砂类土，包括粗粒土和粉土。

(4) 岸坡刷强度测量采用观测法识别。岸坡刷强度包括无冲刷迹象、轻度冲刷、中度冲刷和重度冲刷。无冲刷迹象指近期内河岸不会发生变形破坏，无水土流失现象。轻度冲刷指河岸结构有松动发育迹象，有水土流失迹象，但近期不会发生变形和破坏。中度冲刷指河岸松动裂痕发育趋势明显，一定条件下可以导致河岸变形和破坏，有中度水土流失迹象。重度冲刷指河岸水土流失严重，随时可能发生大的变形和破坏，或已经发生破坏。

(5) 岸坡高度采用皮尺测量，主要测量岸坡长度，根据岸坡倾角计算岸坡高度。

5.2.5.2 天然湿地保留率遥感解译技术要求

采用的遥感数据为陆地卫星Landsat 8 OLI影像，来源于地理空间数据云，空间分辨率为30m。对遥感影像进行了辐射定标、大气校正、裁剪等预处理。对以湿地资源为主体的遥感数据进行图像增强处理。天然湿地调查范围是在国家、地方湿地名录内，与河流有水力联系的天然湿地。

5.2.5.3 河岸带植被覆盖度遥感解译技术要求

采用的遥感数据为陆地卫星Landsat 8 OLI影像，来源于地理空间数据云，空间分辨率为30m。对遥感影像进行了辐射定标、大气校正、裁剪等预处理。

对以湿地资源为主体的遥感数据进行图像增强处理。河岸带植被覆盖度调查范围为水边线与河道管理线之间的范围。

5.3 水质指标调查

5.3.1 监测断面及监测时间

（1）优先选择有水环境监测的断面，在数据不够的情况下，补充监测断面。

（2）监测时间为1—12月，每月监测一次。

5.3.2 技术要求

（1）监测项目包括pH值、电导率、溶解氧、高锰酸盐指数、五日生化需氧量、氨氮、石油类、挥发酚、汞、铅、化学需氧量、总氮、总磷、铜、锌、氟化物、硒、砷、镉、六价铬、氰化物、阴离子表面活性剂、硫化物等地表水23项常规检测指标。

（2）水质监测方法按照《水环境监测规范》（SL 219—98）进行。

5.4 水生生物指标调查

5.4.1 监测点位

每个评价河段内设置1个或多个监测点位。监测点位确定原则如下：

（1）监测点位选在顺直河段，避免选择河道转弯处。

（2）大型底栖无脊椎动物生物监测点位根据河段特点分别选取，监测点位位置宜与水文站、水质监测点位、岸坡稳定性监测点位保持一致。

（3）综合考虑代表性、监测便利性和取样监测安全保障等因素来确定多个备选点位，再结合现场勘察最终确定合适的监测点位。

5.4.2 技术要求

（1）资料收集。选用20世纪80年代作为历史基点，调查评估河流流域鱼类历史调查数据或文献，主要参考《黑龙江水系渔业资源调查报告》《东北地区淡水鱼类》和《黑龙江省鱼类志》等，基于历史调查数据分析、统计评估河流的鱼类种类数，在此基础上，开展专家咨询调查，确定本评估河流所在水生态分区的鱼类历史背景状况，建立鱼类指标调查评估预期。采取实地踏勘、走访等方式，获取第一手资料。

（2）鱼类种类现状调查。根据鱼类种类组成研究方法，结合鱼类种类、生活习性及季节分布规律等特点，选择了以流刺网（捕获中上层鱼类）和地笼（捕获底层鱼类）2种网具相结合的方式进行鱼类种类组成调查，每个采样点采用1个刺网和2个地笼。其中，刺网为长50m高1.2m的三层刺网（网眼30mm）；地笼1长10m（33节，网眼6mm，30cm×25cm）；地笼2长12m（33节，网眼5mm，41cm×32cm），每个采样点网具采样时间为14h。现场统计捕获的每一种鱼的数量，并对每一种鱼随机选取10尾用10%的福尔马林溶液固定，带回实验室进行种类鉴定。同时，结合市场调查和走访调查的方式对鱼类的现状进行补充，采集鱼类标本、收集资料、做好记录，标本用10%福尔马林溶液固定保存。通过对标本的分类鉴定以及资料的分析整理，编制出鱼类种类组成名录。

(3) 大型底栖无脊椎动物现状调查。依据采样点水位、地形等选择使用D型网或彼得森采泥器（$1/16m^2$）定量采集底层泥样，现场用40目网的洗泥网洗掉淤泥后带回实验室挑取出底栖生物，然后用10%福尔马林溶液固定保存（螺、蚌等较大型底栖动物，一般可人工进行采集；水生昆虫、水栖寡毛类和小型软体动物，一般使用彼得森采泥器（$1/16m^2$）定量采集）。用显微镜观察样品，进行种类鉴定并计数，优势种类和主要常见种类一般鉴定到种。

按分类系统鉴定大型底栖无脊椎动物种类（鉴定到最低分类单元）；数量（每个采样点所得的底栖动物应按不同种类准确计数，其中软体动物必须鉴定到种；除摇蚊科幼虫外，其他水生昆虫至少鉴定到科；水栖寡毛类和摇蚊科幼虫至少鉴定到属）；计算刮食者、滤食者、黏附者、耐污类群个体数、敏感类群个体数。

5.5 社会服务功能指标

5.5.1 调查监测项目及内容

(1) 评价河段堤防工程信息、水库功能等信息。包括堤防工程位置、长度、现状防洪标准以及设计防洪标准等。

(2) 评价入河排污口信息。包括排污口位置、入河流处是否设置了标识牌以及是否具备取样条件。

(3) 评价取水口信息。包括取水口位置、是否有取水许可、是否按取水许可量取水、是否有监测计量设施并正常运行。

(4) 对公众满意度进行调查。包括调查河流周边居民和外来休闲娱乐人群对河流自然及社会功能的满意程度。

5.5.2 技术要求

(1) 资料收集采用政府或行业主管部门认可的公文、公报和统计资料。

(2) 公众满意度。随机对当地居民和外来休闲娱乐人群发放调查问卷，整理分析。调查问卷涉及水资源、水景观、水质、水生生物、“清四乱”（即清理乱占、乱采、乱堆、乱建）后生态恢复、亲水便民等方面的10个问题，发放并回收调查问卷不少于100份。

第6章 松花江健康评价

6.1 河流概况

6.1.1 自然状况

松花江流域地处我国东北地区的北部，流域西部以大兴安岭为界，东北部以小兴安岭为界，东部与东南部以完达山脉、老爷岭、张广才岭、长白山等为界，西南部的丘陵地带是松花江和辽河两流域的分水岭。总流域面积56.12万km^2，其中平原区面积21.21万km^2、山丘区面积34.91万km^2。

松花江有南北两源，北源是发源于大兴安岭支脉伊勒呼里山的嫩江，南源即松花江正源，发源于长白山天池，两江于三岔河汇合后折向东北，即称为松花江干流。松花江全长939km，流经肇源县、扶余、哈尔滨、巴彦、木兰、通河、方正、依兰、汤原、佳木斯、桦川、绥滨、富锦、同江，于同江市东北约7km处由右岸注入黑龙江。

松花江流域河谷阶地地形较为明显，平原主要为中西部地区的松嫩平原和东部的三江平原。东北部为小兴安岭，海拔高程为1000.00～2000.00m；东南部为完达山脉、老爷岭和张广才岭，海拔高程为800.00～1000.00m。

松花江干流上、中游沿江两岸地形平坦，地势自两岸向河床缓倾斜，自上游向下游渐低，沿江漫滩地面高程为130.00～94.00m。宾县以西部分属松嫩平原东部，宾县以东进入连接松嫩平原与三江平原的干流河谷平原段。区域内主要地貌单元可划分为剥蚀低山丘陵、剥蚀堆积台地、堆积一级阶地和堆积河漫滩，其中剥蚀低山丘陵主要分布于宾县—依兰县，高程为140.00～600.00m，生长次生林或人工林，山顶多浑圆状；剥蚀堆积台地断续分布于宾县—依兰县低山丘陵与阶地漫滩之间，地表多呈波状起伏，高程为120.00～160.00m，现已多开垦为耕地；堆积一级阶地条带状断续分布于木兰、通河和依兰的松花江两岸，高出河漫滩6～8m；堆积河漫滩呈连续条带状分布于松花江两岸，宽度变化大，最窄处仅数百米，最宽处达数千米以上，地势低洼、牛轭湖、沼泡发育，肇源县境内漫滩上分布风积砂丘。

松花江下游三江平原区地势低洼平坦，区域地貌单元主要有两种：堆积一级阶地和堆积河漫滩，其中堆积一级阶地呈条状断续分布于富锦市镜内，与河漫滩平缓过渡，高出河漫滩 6～8m；堆积河漫滩呈条状连续分布于松花江及其支流河床两侧，地势低洼，地面高程为 50.00～80.00m，牛轭湖，沼泡发育，最宽度达 10m 以上。

松花江三岔河口以下两岸河网全长 725km，落差 1007m，河道平均坡降 1.39‰，比降偏大，水量较丰富，其水能理论蕴藏量 51.68 万 kW，占松花江理论蕴藏量的 17.6%。松花江流域水系发达，支流众多，流域面积大于 1000km^2 的河流有 86 条，大于 10000km^2 的河流有 16 条，其中位于黑龙江省内的有 12 条。

(1) 嫩江。松花江最大支流，位于松花江左岸，发源于大兴安岭伊勒呼里山南麓，由北向南流经嫩江、鄂伦春、讷河、莫力达瓦、富裕、甘南、齐齐哈尔、泰来、杜尔伯特、大安、镇赉、肇源等县（市、旗），在三岔河口汇入松花江，全长 1370km，流域面积 29.7 万 km^2。河源—嫩江县城为上游，河谷狭窄，两岸多林区，产落叶松、樟子松、杨、白桦等木材；嫩江县城—莫力达瓦达斡尔族自治旗驻地为中游，其下至三岔河口为下游，中下游河谷宽阔，中高水位时最大水面宽为 450～8000m，最大水深为 6～13m；枯水位时最大水面宽为 170～180m，最大水深为 1.6～7.2m。

(2) 牡丹江。松花江右岸最大支流，松花江第二大支流，发源于长白山脉白头山之北的牡丹岭，流经吉林省东北部和黑龙江省宁安、牡丹江、海林、林口、依兰等县（市），在依兰县城西注入松花江。河源至镜泊湖为上游，全长 726km，在黑龙江省境内长 382km；流域面积 37023km^2，在黑龙江省境内流域面积 28543km^2。水面宽为 100～300m，水深为 1.0～5.0m。主要支流有海浪河、五林河、乌斯浑河、三道河等。

(3) 呼兰河。松花江左岸的一条大支流，发源于小兴安岭（布伦山）的太平岭，流经铁力市、庆安县、北林区、望奎县、兰西县、呼兰区等 8 县（市），于呼兰区张家庄附近从北岸注入松花江，全长 438.48km，流域面积 3.72 万 km^2。呼兰河右岸接纳通肯河、克音河、努敏河、依吉密河等，左岸接纳安帮河、泥河等，水系呈扇形树枝状。

(4) 汤旺河。松花江左岸主要支流，发源于小兴安岭西坡南麓，有东西汤旺河两源，以东汤旺河为主流。两流汇合由北向南流经伊春、铁力、汤原 3 个县（市），于汤原县城西南约 5km 处注入松花江。全长 509km，流域面积 20838km^2。

(5) 蚂蚁河。松花江右岸较大支流，发源于张广才岭西坡，流经尚志、延寿、方正 3 个县（市），至方正县境北端于通河县城对岸注入松花江。全长 341km，流域面积 10721km^2。一面坡以上为上游区，属山岳地带，多为林区；一面坡至延寿县城为中游区，多为丘陵地带；延寿县城以下为下游区，属冲积平原。中下游，中高水位时最大水面宽为140～1900m，最大水深为2.6～6.0m；枯水位时最大水面宽为60～145m，最大水深为0.7～1.3m。主要支流有大亮子河、东亮珠河等。

（6）倭肯河。松花江右岸较大支流，发源于完达山脉阿尔哈山，流经七台河、勃利、桦南、依兰等县（市），在依兰县城东约1km处注入松花江，全长450km，流域面积11015km^2。桃山以上为山地丘陵区，河谷狭窄，金沙河汇入后稍开阔。流至勃利县倭肯镇以后进入开阔的平原区，中高水位时最大水面宽为170～290m，最大水深为2.2～5.2m；枯水位时最大水面宽为10m，最大水深为0.1m。每年11月中旬至次年4月上旬为结冰期。

（7）拉林河。拉林河又名“兰棱河”，松花江干流右岸较大支流，发源于张广才岭南部的别石砬子山，大致自东南向西北行，流经五常、舒兰、榆树、双城、扶余等县（市），在双城市多口店附近汇入松花江。其多数河段为黑龙江、吉林两省界河，全长448km，流域面积21844km^2。干流在溪浪河口以上为上游，属于山区，河槽深狭，比降较大；溪浪河口—卡岔河口为中游，河道比降渐缓，河谷逐渐开阔，五常水文站处，中高水位时最大水面宽为750～1800m，最大水深为3.2～5.6m；枯水位时最大水面宽为240m，最大水深为0.4m。卡岔河口—入松花江河口为下游，河宽多蛇形，中低水位时河床无明显界限，蔡家沟水文站处，中高水位时最大水面宽为170m，最大水深为4.4～6.4m；枯水位时最大水面宽为160m，最大水深为2.6m。

（8）讷谟尔河。嫩江中游东岸较大支流，位于黑龙江省西部，发源于小兴安岭西侧，自源头由东向西流经德都、克山、讷河等县（市），于讷河市讷河镇西南39.6km处注入嫩江。主要支流有老莱河、引龙河、白河（石龙河）等。全长569km，水面宽为40～70m，水深为1.2～3m，流域面积14061km^2。

（9）乌裕尔河。嫩江左岸主要支流，为黑龙江省内最大的内陆河，发源于小兴安岭西侧，流经北安、克东、克山、依安、富裕等县（市），尾端逐渐消失在齐齐哈尔市东北部、林甸县西北部和杜尔伯特蒙古族自治县北部的大片沼泽湿地之中。全长576km，水面宽为20～40m，水深为0.6～2.5m，流域面积23110km^2。

（10）诺敏河。嫩江西岸支流，下游位于甘南县东北部，古称“屈利水”、“越河”。发源于大兴安岭东侧内蒙古自治区境内，下游流经内蒙古自治区莫力达瓦达斡尔族自治旗和黑龙江省甘南县，在甘南县辉龙图附近注入嫩江。全长466km，两省（自治区）交界流长54km。水面宽为60～170m，水深为1.5～3.0m，流域总面积25966km^2。

（11）雅鲁河。嫩江下游西岸支流，位于黑龙江省西部，旧名“雅尔河”。“雅鲁”，蒙古语，意为“边地”。发源于大兴安岭东麓。流经内蒙古自治区喜桂图旗、扎兰屯市和黑龙江省齐齐哈尔市碾子山区、龙江县，在龙江县哈拉台村附近注入嫩江。全长398km，流域面积19640km²，在黑龙江省境内长100km，流域面积3392km²，占全流域的17.1%。水面宽为40～80m，水深为1.5～3m。

(12) 通肯河。通肯河又称“通铿河”，为松花江左岸支流呼兰河的支流。发源于小兴安岭西南麓，由东向西折向南流经北安、海伦、拜泉、明水、青冈、望奎等县（市）交界，在青冈、望奎、兰西3县交界处注入呼兰河。全长346km，水面宽为10～40m，水深为0.5～1.0m，流域面积10339km²。

6.1.2 生态环境状况

6.1.2.1 水文水资源及开发利用状况

松花江流域地处温带季风气候区，气候特征比较清晰，春季天气比较干燥，夏秋两季的降雨较多，冬日严寒漫长。流域内温差变化较大，其中每年7月温度达到最高，平均温度21～25℃；每年1月温度一般达到最低，平均温度－20℃左右。松花江径流通常由降水补给，因而季节性差异大，但松花江流域的降水分布不均，通常降水量以500mm为限上下波动。松花江流域的降水多集中在夏季，冬日降水量偏少，仅占据整年降水量的5%。流域内降水的变化趋势为东南偏高，西北稍低，因此西部偏干旱。

松花江流域内多年平均降水量为400～900mm，降水多集中在夏季，汛期6—9月降水量占年降水量的70%以上，其中7、8两月占比最大，大洪水也主要发生在这两个月，降水的年际变化较大。流域内年内温差较大，多年平均气温波动在－3～5℃之间。流域内水面蒸发一般为700～800mm，山区低于平原。年平均风速以松嫩平原较大，山区较小。松花江径流具有较大的年际变化，年内径流主要集中在7—8月。松花江干流代表水文站径流特征见表6.1。

表6.1 松花江干流代表水文站径流特征表

水文站名称	控制流域面积/km²	多年平均流量/(m³/s)	多年平均径流量/亿m³
肇源	361163	1053	332.074
哈尔滨	389769	1167	368.03
通河	450077	1304	411.23
依兰	491706	1646	519.08
佳木斯	528000	2040	643.51
同江	561200	2727	859.99

松花江流域的洪水主要由暴雨产生。松花江大洪水年出现时间较晚，一般在8—9月，其中支流洪水多发生在7—9月，少数年份发生在5月、6月或10月。松花江流域发生一次洪水的历时较长，最长可达90d。根据哈尔滨水文站和佳木斯水文站实测冰情资料统计，哈尔滨水文站平均初冰日期为11月中旬，终冰日期为4

月上旬，多年平均封冻天数为135d，最大河心冰厚0.92m。佳木斯水文站平均初冰日期为11月中旬，终冰日期为4月中旬，多年平均封冻天数为144d。

松花江干流是泥沙较少的一条河流。由于流域上游及支流已建多座大中型水库，在汛期拦蓄了大量的泥沙。松花江干流悬移质输沙量的年内分配与水量的年内分配基本一致，一般都集中在汛期，尤其是7、8月，而且沙量比水量更为集中。

根据水利部松辽水利委员会2010年12月编制完成的《松辽流域水资源综合规划》成果，松花江流域（三岔河口以下）多年平均水资源量为411.59亿m^3，其中地表水资源量为359.68亿m^3，地下水资源量为135.82亿m^3，不重复计算量为51.91亿m^3。地下水可开采量为66.71亿m^3。

松花江干流（三岔河口以下）2019年流域水资源总量802.32亿m^3，其中地表水资源量715.39亿m^3。水资源总量与地表水资源量均高于多年平均值411.59亿m^3、359.68亿m^3，且与2018年相比水量均处于上升趋势。

2019年松花江干流（三岔河口以下）流域总供水量为160.79亿m^3，其中地表水源供水量为98.31亿m^3，占供水总量的61.14%；地下水源供水量为61.42亿m^3，占供水总量的38.20%；其他水源供水量1.06亿m^3，占供水总量的0.66%。

自2013年开始供水量多年以来呈上升趋势，各水源的供水量变化趋于平稳。2013—2019年地表水源平均供水量为105.35亿m^3，地下水源平均供水量为71.24亿m^3，平均总供水量为176.93亿m^3。松花江干流（三岔河口以下）供水量统计见图6.1。

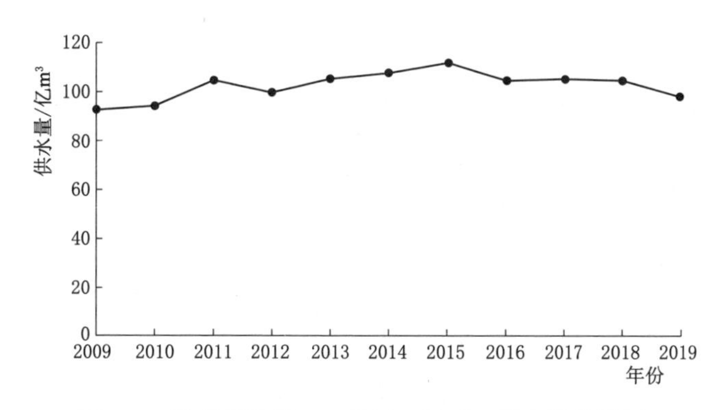

图6.1　松花江干流（三岔河口以下）供水量统计图

2019年松花江干流（三岔河口以下）流域总用水量为160.79亿m^3，其中农业灌溉用水量最大，为135.69亿m^3，占总用水量的84.39%；生活用水量次之，为8.68亿m^3，占总用水量的5.40%。之后依次是工业用水量、林牧渔畜用水量、服务业用水量、生态环境补水用水量和建筑业用水量。

6.1.2.2 水质状况

松花江干流三岔河口—同江河口段共划定 18 个水功能区（一级水功能区和二级水功能区合计数），其中包括：保护区 1 个，保留区 1 个，缓冲区 2 个，饮用水源区 1 个，景观娱乐用水 3 个，农业用水区 5 个，过渡区 3 个，排污控制区 2 个。松花江（三岔河口以下）水功能区划分及水质目标详见表 6.2。

表 6.2　松花江（三岔河口以下）水功能区划分及水质目标　　单位：km

一级水功能区	二级水功能区	起始断面	终止断面	长度	水质目标
松花江黑吉缓冲区	无	三岔河	双城市临江屯	138.6	Ⅲ
松花江哈尔滨市开发利用区	松花江肇东市、双城市农业、渔业用水区	双城市临江屯	双城市与哈尔滨市交界	60	Ⅲ
	松花江哈尔滨市太平镇过渡区	双城市与哈尔滨市交界	东兴龙岗村	27.3	Ⅱ
	哈尔滨市朱顺屯饮用水源区	东兴龙岗村	朱顺屯	14.5	Ⅱ
	哈尔滨市景观娱乐用水区	朱顺屯	马家沟汇入口上	15.9	Ⅲ
	哈尔滨市东江桥排污控制区	马家沟汇入口上	哈尔滨市与阿城市交界	20.4	
	松花江阿城市过渡区	哈尔滨市与阿城市交界	大顶子山	18.7	Ⅳ
	松花江宾县、巴彦县农业用水区	大顶子山	木兰县贮木场	63.2	Ⅲ
松花江木兰县开发利用区	松花江木兰县景观娱乐、农业用水区	木兰县贮木场	宾县临江屯	62.7	Ⅲ
松花江依兰县开发利用区	松花江通河县农业用水区	宾县临江屯	通河县清河镇	126.7	Ⅲ
	松花江依兰县饮用、工业用水区	通河县清河镇	倭肯河入松花江口	27.3	Ⅲ
松花江汤原县保留区	无	倭肯河入松花江口	汤旺河汇入口上 1km	50.4	Ⅲ
松花江佳木斯市开发利用区	松花江佳木斯市农业、工业用水区	汤旺河汇入口上 1km	佳木斯港务局	69	Ⅳ
	佳木斯市排污控制区	佳木斯港务局	宏力村	7.4	
	佳木斯市过渡区	宏力村	中和村	25.2	Ⅳ
	松花江佳木斯市、桦川县、富锦市农业用水区	中和村	福和村	135.6	Ⅲ

续表

一级水功能区	二级水功能区	起始断面	终止断面	长度	水质目标
松花江同江市缓冲区	无	福和村	同江市	63.1	Ⅲ
松花江三江口鱼类保护区	无	同江市	入黑龙江河口	13.1	Ⅲ

6.1.2.3 水生生物状况

1985年出版的《黑龙江省渔业资源》中记载松花江干流鱼类有78种；2004年在《黑龙江、绥芬河、兴凯湖渔业资源》一书中记载松花江干流鱼类有80种；2007年在《东北地区淡水鱼类》一书中记载松花江干流鱼类有17科86种；2010年中国水产科学研究院黑龙江水产研究所在对松花江水生生物物种调查中，鉴定松花江干流鱼类共计隶属7目15科64种，其中鲤科种类最多，为36种，占总数的56.25%。

松花江干流水生植物有3大类，分别是蕨类植物、被子植物、单子叶植物，共计20科41种，生态类群有浮叶植物、漂浮植物、滨水植物、挺水植物、沉水植物5种。

松花江干流中底栖动物包括软体动物、甲壳动物、环节动物、水生昆虫、线形虫动物等5类，共计15目39科113种。在大型底栖动物类群上，松花江干流以水生昆虫和软体动物为主。但就物种而言，流水性和冷水性种类较多，其中流水性种类包括四节蜉属、生米蜉、山地亚美蜉、仙女虫等；冷水性种类包括克拉泊水丝蚓、钝毛水丝蚓等。从时间上看，夏季采集到的物种最多，为74种，明显高于春季（38种）和秋季（34种）。

松花江干流共分布重要水生态保护目标15个，见表6.3。

表6.3　松花江干流重要水生态保护目标

敏感生态河段	功　能
同江三江口—牡丹江口	海淡水洄游性鱼类洄游通道
大顶子山—三岔河口	江湖洄游性鱼类洄游通道
三岔河—肇源老北江37km江段	草鱼、鲢、青鱼产卵场
依兰县宏克力江段产卵场10km	草鱼、鲢、青鱼产卵场
老山头—老巴彦港30km江段	草鱼、鲢、青鱼产卵场
宾县摆渡—佳木斯南城子220km江段	草鱼、鲢、青鱼产卵场
佳木斯市七家瓦房子—桦川县永发（杨家围子）35km江段	草鱼、鲢、青鱼产卵场
同江三江口	草鱼、鲢、青鱼等多种鱼类产卵场

续表

敏感生态河段	功能
松花江宁江段国家级水产种质资源保护区	银鲴、怀头鲇、花鳎等鱼类产卵场
松花江肇源段国家级水产种质资源保护区	鲳、乌苏里拟鲿、鳜、黄颡鱼产卵场
松花江肇东段国家级水产种质资源保护区	鲢、鲤、鳙、草鱼、黄颡鱼等产卵场
松花江双城段国家级水产种质资源保护区	鳜、银鲴、黄颡鱼、鲤、鲫、鲢等鱼类产卵场
松花江木兰段国家级水产种质资源保护区	黄颡鱼、鳃鱼、鳌花、雅罗等60余种有重要经济价值的鱼种
松花江乌苏里拟鲮细鳞斜领鲴国家级水产种质资源保护区	乌苏里拟鳞、细鳞斜领鲴等鱼类产卵场
同江三江口常年禁捕区	常年禁渔区

6.1.2.4 湿地状况

松花江干流湿地分为国家级湿地、省级湿地和一般湿地。国家级湿地保护区有2个，分别是太阳岛湿地公园和金河湾湿地公园，湿地类型均为洪泛平原湿地、草本沼泽。其中，太阳岛湿地公园主要分布在松花江干流哈尔滨城区段，金河湾湿地公园主要分布在松花江干流哈尔滨城区段，具体见表6.4，湿地保护较好，区域内河水平缓而宽阔，地表多被草原及大面积的沼泽覆盖，蓄水能力极强。降水径流迟缓，地表水保存及储积时间长，水资源储存能力极强。

表6.4 松花江干流国家级湿地情况

湿地区	斑块名	湿地面积/hm^2
太阳岛湿地公园	四环桥下	76488
	阳明滩湿地	36963
金河湾湿地公园	铁路东1	1238
	铁路东2	1871

6.1.3 水利工程概况

6.1.3.1 枢纽工程

大顶子山航电枢纽（文后彩图1）是松花江干流上一个大型拦河工程，位于松花江哈尔滨段下游呼兰河口—宾县临江屯江段46km处，坝址以上集水面积为43.21万km^2，是以航运、发电和改善哈尔滨市水环境为主，同时具有交通、旅游、供水、灌溉和水产养殖等综合利用功能的航电枢纽工程。该工程属大（1）型，工程等别为一等，主要建筑物级别为2级，工程正常蓄水位为116.00m，相应库容为9.0亿m^3，死水位为114.00m，死库容为4.04亿m^3，设计洪水标准为100年一遇，校核洪水标准为300年一遇，设计洪水位为117.33m，校核洪水位为117.97m，总库容为17.3亿m^3。电站装机容量为66MW，多年发电量为3.32亿kW·h。工程没有建设鱼道等过鱼设施并阻断了鲢亲鱼繁殖的洄游通道，乌苏里白鲑、日本七鳃鳗等冷水性鱼类洄游通道也被阻断。工程设计时考虑了生态流量，但运行调度没有考虑下泄生态流量问题。

6.1.3.2 灌区工程

松花江干流沿线以松花江为水源的万亩以上灌区共有37处，总设计灌溉面积343.74万亩❶。其中绥化市3处，设计灌溉面积48.36万亩；哈尔滨市15处，设计灌溉面积69.22万亩；佳木斯市14处，设计灌溉面积167.77万亩；鹤岗市3处，设计灌溉面积19.39万亩；农垦红兴隆管局2处，设计灌溉面积39万亩。松花江干流沿线现有灌区情况统计见表6.5。

表6.5　　松花江干流沿线现有灌区情况　　单位：万亩

序号	行政区划		灌区名称	设计灌溉面积
1	绥化市	肇东市	涝洲灌区	38.9
			银河灌区	5.45
			复兴灌区	4.01
2	哈尔滨市	道里区	万家灌区	5
		道外区	新仁灌区	14.8
		呼兰区	腰堡灌区	5
		宾县	先锋灌区	2.9
			玉泉灌区	0.4
		巴彦县	沿江灌区	5.45
			巴彦港灌区	5.97
			松花江灌区	13.26
		通河县	太阳沟灌区	6
			依山灌区	5.4
		方正县	六合灌区	1
			太平灌区	0.3
			黑河口灌区	1.77
			尖山子灌区	0.77
		依兰县	红旗灌区	1.2

❶ 1亩=(10000/15)m^2≈666.67m^2。

续表

序号	行政区划		灌区名称	设计灌溉面积
3	佳木斯市	汤原县	振兴灌区	8.9
		东风区	松江灌区	3.1
			建设灌区	0.6
			永丰灌区	0.5
		郊区	群英灌区	10.3
			永安灌区	12
			大头山灌区	18.2
			莲江口农场灌区	24
		桦川县	悦来灌区	30.89
			新城灌区	4.2
			新河宫灌区	15
		富锦市	幸福灌区	34.75
			红旗灌区	2
			红卫灌区	3.33
4	鹤岗市	绥滨县	敖来灌区	7.8
			兴安灌区	9.39
			永兴灌区	2.2
5	农垦红兴隆管局	新华农场	沿江涝区	8
		江川农场	江川灌区	31
合计				343.74

6.1.3.3 堤防工程

松花江干流及支流回水堤现有128段堤防，堤防长度为1363.3km，其中干堤1227.805km，回水堤135.531km。现有堤防涉及松干44个防洪保护区的90段堤防，堤防长度为1212.05km，其中干堤1099.35km，回水堤112.70km。城区堤防涉及10个防洪保护区的38段堤防，堤防长度为151.29km。松花江干流堤防基本情况见表6.6。

表6.6 松花江干流堤防基本情况

序号	位置	岸别	堤防数量/段	堤防长度/km	防洪标准/年一遇	堤防级别/级
1	大庆市	左	1	110.3	50	2
2	绥化市	左	1	68.0	50	2

续表

序号	位置	岸别	堤防数量/段	堤防长度/km	防洪标准/年一遇	堤防级别/级
3	哈尔滨市	左、右	66	516.1	20～200	1～4
4	佳木斯市	左、右	42	390.2	20～100	1～4
5	鹤岗市	左	3	94.5	50	2
6	森工总局	右	1	1.8	30	3
7	农垦总局	左、右	14	182.4	50	2
合　计			128	1363.3		

6.2 评价河段分段

根据河流水文特征、河床及河滨带形态、水质状况、水生生物特征以及流域经济社会发展特征的相同性和差异性，并结合松花江干流沿线的行政区划边界、水文监测断面的具体情况，将评价河流分为 8 个评价河段。河段分段及相应数据情况见表 6.7。

表 6.7　　河段分段及相应数据情况

评价河段	起点	经度	纬度	长度/km	长度占比/%
1	三岔河口	124°40′02.80″	45°27′21.73″	140.4	14.9
2	赵林屯	125°41′27.51″	45°30′52.30″	77.4	8.2
3	哈尔滨绥化交界	126°17′45.38″	45°41′50.52″	71.6	7.6
4	永丰村	126°47′59.36″	45°58′59.69″	357	38
5	民主村	129°55′2.30″	46°37′35.65″	68.5	7.3
6	兴安村	130°25′36.99″	46°51′28.87″	63	6.7
7	梧桐河口	130°57′22.4″	47°13′19.21″	161.1	17.3
8	三江口	132°29′47.37″	47°41′42.74″		
总计				939	100

6.3 河流健康评价

6.3.1 水文水资源

6.3.1.1 生态流量满足程度

松花江干流有哈尔滨、佳木斯两个生态流量考核断面。水利部松辽水利委员会印发的《松花江干流（佳木斯以上）生态流量保障实施方案（试行）》中松花江生态流量目标值为：哈尔滨站汛期、非汛期、冰冻期均为250m³/s；佳木斯站汛期、非汛期、冰冻期均为290m³/s。日均流量监测结果显示，哈尔滨、佳木斯两个生态流量考核断面日均流量均达到了生态流量目标值，三岔河口—赵林屯、赵林屯—哈尔滨绥化交界、哈尔滨绥化交界—永丰村、永丰村—民主村、民主村—兴安村、兴安村—梧桐河口、梧桐河口—三江口生态流量满足程度达100%，各河段赋分为100分。生态流量满足程度赋分见表6.8。

表6.8　　生态流量满足程度赋分　　单位：分

河段名称	三岔河口—赵林屯	赵林屯—哈尔滨绥化交界	哈尔滨绥化交界—永丰村	永丰村—民主村	民主村—兴安村	兴安村—梧桐河口	梧桐河口—三江口
评价河段赋分	100	100	100	100	100	100	100
河流赋分	100						

6.3.1.2 河流纵向连通指数

河流连通状况主要是调查评价河流对鱼类等生物物种迁徙及水流与营养物质传递阻断的状况。统计影响河流连通性的建筑物或设施的数量，有生态流量或生态水量保障，有鱼道的不在统计范围内。根据闸坝上游河段长度占总河长的比例作为河流纵向连通指数进行赋分。河流连通状况代表值根据河流整体状况确定，采用河流的评价值作为各评价河段的代表值。

松花江干流有一座对鱼类等生物物种迁徙及水流与营养物质传递有阻断作用的大顶子山航电枢纽，位于永丰村—民主村评价河段，其余评价河段无拦河闸坝。枢纽拦河坝见文后彩图2。

经计算，永丰村—民主村评价河段纵向连通指数为0.28个/100km，赋分48分，其余评价河段纵向连通指数0个/100km，赋分100分。河流纵向连通性指数赋分见表6.9。

表6.9　　河流纵向连通性指数赋分　　单位：分

评价河段	三岔河口—赵林屯	赵林屯—哈尔滨绥化交界	哈尔滨绥化交界—永丰村	永丰村—民主村	民主村—兴安村	兴安村—梧桐河口	梧桐河口—三江口
评价河段赋分	100	100	100	48	100	100	100
河流赋分	80						

6.3.2 物理结构

6.3.2.1 岸带状况

松花江各河段及监测点位监测结果、岸线自然状况见表6.10、表6.11。

表6.10 松花江各河段及监测点位监测结果

河段名称	监测断面名称	岸别	岸坡倾角/(°)	基质特征	冲刷程度	岸坡长度/m	岸坡高度/m	岸坡植被覆盖度/%
三岔河口—赵林屯	DT01	左	18	基岩	无冲刷	7.00	2.16	60
	DT01	左	4	非黏土	轻度冲刷	7.90	0.55	60
	DT01	左	17	基岩	无冲刷	2.75	0.80	60
	DT02	右	11	非黏土	轻度冲刷	6.80	1.30	80
	DT02	右	18	非黏土	轻度冲刷	5.30	1.64	80
	DT02	右	21	基岩	无冲刷	10.10	3.62	80
	DT03	右	2	基岩	轻度冲刷	2.50	0.09	90
	DT03	右	18	基岩	无冲刷	8.80	2.72	90
	DT03	右	14	基岩	无冲刷	8.60	2.08	90
	DT04	右	20	基岩	无冲刷	12.00	4.10	30
	DT04	右	18	基岩	无冲刷	11.80	3.65	30
	DT04	右	18	基岩	无冲刷	18.90	5.84	30
	DT05	左	18	非黏土	无冲刷	10.30	3.18	90
	DT05	左	24	非黏土	无冲刷	8.20	3.34	90
	DT05	左	26	基岩(人工)	无冲刷	9.10	3.99	90
赵林屯—哈尔滨绥化交界	DT01	右	23	基岩	轻度冲刷	5.60	2.19	60
	DT01	右	27	非黏土	无冲刷	8.10	3.68	37
	DT01	右	16	非黏土	无冲刷	18.80	5.18	38
	DT02	左	90	基岩(人工)	无冲刷	2.50	2.50	60
	DT02	左	90	基岩(人工)	无冲刷	1.70	1.70	60
	DT02	左	90	基岩(人工)	无冲刷	27.00	27.00	60
	DT03	左	12	黏土	轻度冲刷	31.30	6.51	90
	DT03	左	14	非黏土	无冲刷	10.30	2.49	90
	DT03	左	22	非黏土	无冲刷	10.80	4.05	90
	DT04	右	8	基岩	轻度冲刷	35.00	4.87	50
	DT04	右	22	非黏土	无冲刷	14.00	5.24	50
	DT04	右	18	非黏土	无冲刷	14.00	4.33	50

续表

河段名称	监测断面名称	岸别	岸坡倾角/(°)	基质特征	冲刷程度	岸坡长度/m	岸坡高度/m	岸坡植被覆盖度/%
哈尔滨绥化交界—永丰村	DT01	左	2	非黏土	无冲刷	663.00	23.14	38
	DT01	左	4	非黏土	无冲刷	250.00	17.44	38
	DT01	左	20	非黏土	无冲刷	16.70	5.71	36
	DT02	右	20	基岩	无冲刷	12.40	4.24	56
	DT02	右	25	基岩	无冲刷	8.10	3.42	56
	DT02	右	45	非黏土	重度冲刷	5.80	4.10	9
永丰村—民主村	DT01	右	36	非黏土	无冲刷	4.97	2.92	100
	DT01	右	34	非黏土	无冲刷	4.10	2.29	100
	DT01	右	33	岩土	无冲刷	5.50	3.00	100
	DT02	左	2	岩土	无冲刷	520.40	18.16	100
	DT02	左	20	非黏土	无冲刷	11.30	3.86	100
	DT02	左	27	非黏土	无冲刷	11.00	4.99	100
	DT03	左	15	非黏土	无冲刷	16.50	4.27	100
	DT03	左	27	非黏土	无冲刷	6.50	2.95	100
	DT03	左	21	非黏土	无冲刷	5.80	2.08	100
	DT04	左	18	黏土	轻度冲刷	1.00	0.31	80
	DT04	左	21	黏土	轻度冲刷	1.50	0.54	80
	DT04	左	23	黏土	轻度冲刷	3.50	1.37	80
	DT05	右	25	黏土	无冲刷	6.00	2.54	47
	DT05	右	28	黏土	无冲刷	5.00	2.35	48
	DT05	右	23	黏土	无冲刷	6.00	2.34	50
	DT06	右	37	基岩	无冲刷	14.00	8.43	47
	DT06	右	44	基岩	无冲刷	18.00	12.50	42
	DT06	右	32	基岩	无冲刷	2.00	1.06	67
	DT07	左	29	基岩（人工）	无冲刷	8.00	3.88	3
	DT07	左	23	非黏土	轻度冲刷	4.30	1.68	3
	DT07	左	22	基岩	无冲刷	9.75	3.65	3
	DT08	右	3	非黏土	无冲刷	65.00	3.40	15
	DT08	右	25	基岩（人工）	无冲刷	3.90	1.65	15
	DT08	右	23	基岩（人工）	无冲刷	6.00	2.34	15

续表

河段名称	监测断面名称	岸别	岸坡倾角/(°)	基质特征	冲刷程度	岸坡长度/m	岸坡高度/m	岸坡植被覆盖度/%
永丰村—民主村	DT09	左	14	基岩（人工）	无冲刷	12.20	2.95	60
	DT09	左	19	基岩（人工）	无冲刷	14.20	4.62	60
	DT09	左	25	基岩（人工）	无冲刷	13.40	5.66	60
	DT10	右	2	岩土	无冲刷	539.60	18.83	90
	DT10	右	8	非黏土	无冲刷	6.60	0.92	90
	DT10	右	32	非黏土	无冲刷	6.30	3.34	90
	DT11	右	7	岩土	轻度冲刷	31.70	3.86	100
	DT11	右	37	非黏土	无冲刷	8.50	5.12	100
	DT11	右	28	非黏土	无冲刷	5.30	2.49	100
	DT12	左	30	非黏土	轻度冲刷	4.70	2.35	70
	DT12	左	34	非黏土	轻度冲刷	6.10	3.41	70
	DT12	左	28	非黏土	轻度冲刷	7.80	3.66	70
民主村—兴安村	DT01	右	3	黏土	无冲刷	51.16	2.68	5
	DT01	右	5	岩土	无冲刷	12.40	1.08	5
	DT01	右	24	基岩（人工）	无冲刷	5.90	2.40	5
	DT02	左	8	非黏土	无冲刷	20.20	2.81	60
	DT02	左	20	非黏土	无冲刷	6.10	2.09	60
	DT02	左	15	非黏土	轻度冲刷	3.80	0.98	60
	DT03	左	23	岩土	轻度冲刷	34.00	13.28	100
	DT03	左	17	基岩（人工）	轻度冲刷	17.70	5.17	100
	DT03	左	10	非黏土	轻度冲刷	38.50	6.69	100
	DT04	右	3	岩土	轻度冲刷	18.30	0.96	2
	DT04	右	10	非黏土	轻度冲刷	5.00	0.87	2
	DT04	右	18	基岩	轻度冲刷	3.60	1.11	2
兴安村—梧桐河口	DT05	右	22	基岩（人工）	无冲刷	9.10	3.41	5
	DT05	右	23	基岩（人工）	无冲刷	9.20	3.59	5
	DT05	右	22	基岩（人工）	无冲刷	8.10	3.03	5
梧桐河口—三江口	DT01	右	14	非黏土	无冲刷	16.20	3.92	90
	DT01	右	20	基岩（人工）	无冲刷	15.20	5.20	90
	DT01	右	18	基岩（人工）	无冲刷	14.10	4.36	90

续表

河段名称	监测断面名称	岸别	岸坡倾角/(°)	基质特征	冲刷程度	岸坡长度/m	岸坡高度/m	岸坡植被覆盖度/%
梧桐河口—三江口	DT02	右	23	基岩（人工）	无冲刷	10.90	4.26	40
	DT02	右	22	基岩（人工）	无冲刷	8.00	3.00	40
	DT02	右	24	基岩（人工）	无冲刷	7.50	3.05	40
	DT03	右	12	岩土	无冲刷	51.51	10.71	80
	DT03	右	26	非黏土	无冲刷	16.30	7.15	80
	DT03	右	22	非黏土	无冲刷	13.00	4.87	80
	DT04	右	30	岩土	无冲刷	147.60	73.80	90
	DT04	右	10	非黏土	无冲刷	143.00	24.83	90
	DT04	右	20	非黏土	无冲刷	13.52	4.62	90
	DT05	左	10	非黏土	无冲刷	12.70	2.21	80
	DT05	左	18	非黏土	无冲刷	21.30	6.58	80
	DT05	左	15	岩土	无冲刷	17.90	4.63	80
	DT06	左	17	基岩（人工）	无冲刷	6.40	1.87	100
	DT06	左	19	基岩（人工）	无冲刷	8.50	2.77	100
	DT06	左	8	基岩（人工）	无冲刷	10.20	1.42	100
	DT07	左	15	岩土	无冲刷	32.00	8.28	100
	DT07	左	23	岩土	无冲刷	2.50	0.98	100
	DT07	左	15	基岩	无冲刷	17.80	4.61	100
	DT08	左	20	岩土	无冲刷	15.10	5.16	10
	DT08	左	25	岩土	无冲刷	12.50	5.28	10
	DT08	左	19	非黏土	无冲刷	16.20	3.92	10

表6.11 岸线自然状况赋分 单位：分

评价因子	三岔河口—赵林屯	赵林屯—哈尔滨绥化交界	哈尔滨绥化交界—永丰村	永丰村—民主村	民主村—兴安村	兴安村—梧桐河口	梧桐河口—三江口
河岸稳定性赋分	78	61	52	66	64	62	71
岸线植被覆盖率赋分	75	75	75	75	75	75	75
评价河段赋分	76.2	69.4	65.8	71.4	70.6	69.8	73.4
河流赋分	72						

采用的遥感数据分别为2019年10月，2020年6月、7月，2021年6月的陆地卫星Landsat 8 OLI影像，来源于地理空间数据云，共3期6景遥感影像，空间分辨率为30m。对遥感影像进行辐射定标、大气校正和裁剪等预处理工作经解译分析，表6.10中7个河段即河段Ⅰ～河段Ⅶ岸带植被覆盖度分别为59.25%、63.72%、73.05%、67.17%、49.69%、41.93%、45.69%。植被覆盖度按照0～0.2、0.2～0.4、0.4～0.6、0.6～0.8、0.8～1.0五级分类，得到研究区植被覆盖度分级图，见文后彩图3～文后彩图9。

6.3.2.2 天然湿地保留率

评估对象为国家、省级名录及保护区名录内与评估河流有直接水力连通关系的湿地，松花江不同河段在1984—1989年与2019—2021年间湿地分布情况如文后彩图10～文后彩图16所示，湿地面积、湿地保留率情况及赋分如表6.12、表6.13所示。

表6.12 湿地面积统计数据 单位：km^2

评价河段	1984—1989年					2019—2021年				
	河流	森林	草地	耕地	建设用地	河流	森林	草地	耕地	建设用地
河段Ⅰ	240.94	62.96	571.11	75.81	7.42	237.69	68.91	506.59	133.44	11.61
河段Ⅱ	95.16	2.53	208.02	84.49	3.54	92.79	2.69	191.77	100.27	6.22
河段Ⅲ	57.76	2.61	60.17	72.56	8.79	56.81	2.28	51.99	75.55	15.26
河段Ⅳ	302.53	200.83	769.32	103.12	9.32	426.74	171.67	550.43	223.62	12.66
河段Ⅴ	37.77	4.95	265.97	22.68	6.92	108.35	5.06	180.36	22.19	22.33
河段Ⅵ	47.63	3.91	360.78	49.71	3.69	50.45	3.98	183.11	223.59	4.59
河段Ⅶ	85.94		350.12	100.01	1.61	78.91		223.04	232.32	3.41

表6.13 天然湿地保留率赋分表 单位：分

评价河段	三岔河口—赵林屯	赵林屯—哈尔滨绥化交界	哈尔滨绥化交界—永丰村	永丰村—民主村	民主村—兴安村	兴安村—梧桐河口	梧桐河口—三江口
评价河段赋分	48	37	100	90	97	100	100
河流赋分	83						

6.3.3 水质

各河段水质优劣程度均采用评价水环境监测站2022年监测数据，水质评价遵循《地表水环境质量标准》(GB 3838—2002) 相关规定。

6.3.3.1 三岔河口—赵林屯河段

采用肇源断面连续12个月监测数据。经计算，评价时段内最差水质项目为高锰酸盐指数（5.33mg/L），用该指标代表评价河段的水质类别，评价河段水质类别为Ⅲ类。将高锰酸盐指数浓度值对照Ⅲ类水质评分阈值进行线性内插得到评分值为77分。

6.3.3.2 赵林屯—哈尔滨绥化交界河段

采用朱顺屯断面连续12个月监测数据。经计算，评价时段内最差水质项目高锰酸盐指数（5.40mg/L）。计算该指标代表评价河段的水质类别，评价河段水质类别为Ⅲ类。将化学需氧浓度值对照Ⅲ类水质评分阈值进行线性内插得到评分值为85分。

6.3.3.3 哈尔滨绥化交界—永丰村河段

采用大顶子山断面连续12个月监测数据。经计算，评价时段内最差水质项目为高锰酸盐指数（5.33mg/L），用该项指标代表评价河段的水质类别，评价河段水质类别为Ⅲ类。将高锰酸盐指数浓度值对照Ⅲ类水质评分阈值进行线性内插得到评分值为80分。

6.3.3.4 永丰村—民主村河段

采用摆渡镇连续12个月监测数据。经计算，评价时段内最差水质项目为化学需氧量（25mg/L），用该指标代表评价河段的水质类别，评价河段水质类别为Ⅲ类。将高锰酸盐指数浓度值对照Ⅲ类水质评分阈值进行线性内插得到评分值为77分。

6.3.3.5 民主村—兴安村河段

采用宏克利断面连续12个月监测数据。经计算，评价时段内最差水质项目为化学需氧量（19.04mg/L），用该指标代表评价河段的水质类别，评价河段水质类别为Ⅲ类。将化学需氧量浓度值对照Ⅲ类水质评分阈值进行线性内插得到评分值为74分。

6.3.3.6 兴安村—梧桐河口段

采用佳木斯下断面连续12个月监测数据。经计算，评价时段内最差水质项目为化学需氧量（17.30mg/L），用该指标代表评价河段的水质类别，评价河段水质类别为Ⅲ类。将化学需氧量浓度值对照Ⅲ类水质评分阈值进行线性内插得到评分值为81分。

6.3.3.7 梧桐河口—三江口段

采用绥滨入和同江断面连续12个月监测数据。经计算，评价时段内最差水质项目为化学需氧量（18.65mg/L），用该指标代表评价河段的水质类别，评价河段水质类别为Ⅲ类。将化学需氧量浓度值对照Ⅲ类水质评分阈值进行线性内插得到评分值为75分。

各河段水质优劣程度见表6.14。

表 6.14　　水质优劣程度赋分　　单位：分

河段名称	三岔河口—赵林屯	赵林屯—哈尔滨绥化交界	哈尔滨绥化交界—永丰村	永丰村—民主村	民主村—兴安村	兴安村—梧桐河	梧桐河口—三江口
评价河段赋分	77	85	80	77	74	81	75
河流赋分	78						

6.3.4 水生生物

6.3.4.1 大型底栖无脊椎动物生物完整性指数

根据调查数据，按照参照点的大型底栖无脊椎动物生物完整性指数（B-IBI）值的计算结果，各评价河段均处于健康及以上状态。其中，三岔河口—赵林屯、永丰村—民主村、梧桐河口—三江口评价河段大型底栖无脊椎动物生物完整性指数达到了非常健康的状态。大型底栖无脊椎动物生物完整性指数及赋分见表 6.15。

表 6.15　　大型底栖无脊椎动物生物完整性指数及赋分

评价河段	三岔河口—赵林屯	赵林屯—哈尔滨绥化交界	哈尔滨绥化交界—永丰村	永丰村—民主村	民主村—兴安村	兴安村—梧桐河口	梧桐河口—三江口
B-IBI 指数	1	0.84	0.77	0.92	0.88	0.84	0.96
评价河段赋分/分	100	84	77	92	88	84	96
河流赋分/分	91						

6.3.4.2 鱼类保有指数

1980—1984 年，中国水产科学研究院黑龙江水产研究所和黑龙江省水产局合作对黑龙江省渔业自然资源进行了调查，据 1985 年出版的《黑龙江省渔业资源》中记载松花江鱼类有 78 种。

2020 年 5 月，在松花江干流开展了鱼类资源现场调查，鱼类调查采用现场电捕方、地笼和挂网等方式进行采集调查。鱼类保有指数赋分情况见表 6.16。

松花江大顶子山航电枢纽位于永丰村，大顶子山航电枢纽上游三个河段的鱼类生物指标赋分由低逐渐提升，其下游江段的鱼类生物指标赋分最高。根据采样点捕获的鱼类种类可知，在靠近大顶山航电枢纽所在河段，捕获的鱼类种类最少，充分说明河流连通性好、水量充沛的江段更有利于鱼类生存。

表6.16　　鱼类保有指数赋分计算结果

序号	位置	评价河段	采集鱼类种数	鱼类种数小计	鱼类保有指数/%
1	上游	三岔河口—赵林屯	44	55	71
2		赵林屯—哈尔滨绥化交界	41		
3		哈尔滨绥化交界—永丰村	34		
4	中游	永丰村—民主村	47	57	73
5		民主村—兴安村	47		
6	下游	兴安村—梧桐河口	41	62	80
7		梧桐河口—三江口	52		

6.3.5 社会服务功能

6.3.5.1 防洪指标

河流防洪达标率指达到防洪标准的堤防长度占堤防总长度的比例。松花江干流及支流回水堤现有128段堤防，堤防长度为1363.3km，其中干堤1227.805km，回水堤135.531km。现有堤防涉及松干44个防洪保护区的90段堤防，堤防长度为1212.05km，其中干堤1099.35km，回水堤112.70km。城区堤防涉及10个防洪保护区的38段堤防，堤防长度为151.29km。堤防工程全部达标，赋分100分。

6.3.5.2 公众满意度

受访者对松花江干流打分为30～100分。其中打分为30分的有5人，占总人数的3.7%，主要为沿河居民2人、河道周边从事生产活动者2人和旅游经常来河道者1人。打分为60分的人数为32人，占总人数的23.7%，其中沿河居民11人、河道管理者3人、河道周边从事生产活动者6人、旅游经常来河道者5人、旅游偶尔来河道者7人。打分为80分的人数为96人，占总人数的71.1%，其中河道周边从事生产活动者19人、旅游经常来河道者33人、旅游偶尔来河道者18人、河道管理者7人、沿河居民19人。打分为100分的人数为2人，占总人数的1.5%。

受访人群均认为河流对自身生活较重要或很重要，说明大部分群众对于河流依赖程度较高。其中，84%的受访者认为松花江干流的水量适中，其余则认为水量太少或太多；79%的受访者认为松花江干流的水质达到了一般水平及以上；64%的受访者认为河滩地上植被数量尚可，无垃圾堆放情况；45%的受访者认为鱼类数量比以前略有减少；34%的受访者则认为比以前少很多。受访者普遍认为河流景观达到一般水平以上；超过71%的受访者认为河流易接近且安全；74%的受访者认为河流适宜散步或进行休闲娱乐活动。

根据公众满意度指标计算公式，松花江干流公众满意度指标赋分74分。

6.3.5.3 入河排污口规范化建设率

入河排污口规范化建设率用规范化建设的入河排污口数量占总排污口数量的比例进行评价。根据2022年黑龙江省生态环境厅统计的排污口数据（不含雨排口），松花江干流有734处入河排污口，均符合规范化建设。计算得出河段Ⅰ～河段Ⅴ入河排污口规范化建设率和赋分分别为100%，100分。

6.3.5.4 取水口规范化管理率

松花江河段Ⅰ干流取水口共8个，其中达到规范化管理的取水口6个，规范化管理率为75%，赋分75分。河段Ⅱ干流取水口共7个，其中达到规范化管理的取水口3个，规范化管理率为42.86%，赋分42.86分。河段Ⅲ干流取水口共8个，其中达到规范化管理的取水口4个，规范化管理率为50%，赋分50分。河段Ⅳ干流取水口共20个，其中达到规范化管理的取水口9个，规范化管理率为45%，赋分45分。河段Ⅴ干流取水口共10个，其中达到规范化管理的取水口4个，规范化管理率为40%，赋分40分。河段Ⅵ干流取水口共12个，其中达到规范化管理的取水口9个，规范化管理率为75%，赋分75分。河段Ⅶ干流取水口共6个，其中达到规范化管理的取水口6个，规范化管理率为100%，赋分100分。

6.3.6 评价结果

通过对松花江的5个准则层11个评价指标进行逐级加权、综合赋分，结合河段赋分结果，计算得出松花江健康评价综合赋分为80分，处于健康状态。11项评价指标中，非常健康指标4项、占36%，健康指标4项、占36%，亚健康指标3项、占27%。5个准则层中，非常健康准则1个、占20%，健康准则4个、占80%。见表6.17、图6.2。

表6.17 松花江健康评价赋分

目标层	准则层	指标层	指标层赋分	准则层赋分	河流健康赋分
河流健康	水文水资源	生态流量满足程度	100	90	80
		河流纵向连通指数	80		
	物理结构	岸带状况	63	73	
		天然湿地保留率	83		
	水质	水质优劣程度	78	78	
	水生生物	大型底栖无脊椎动物生物完整性指数	91	75	
		鱼类保有指数	58		
	社会服务功能	堤防工程达标率	100	85	
		公众满意度	76		
		入河排污口规范化建设率	100		
		取水口规范化管理率	64		

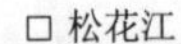

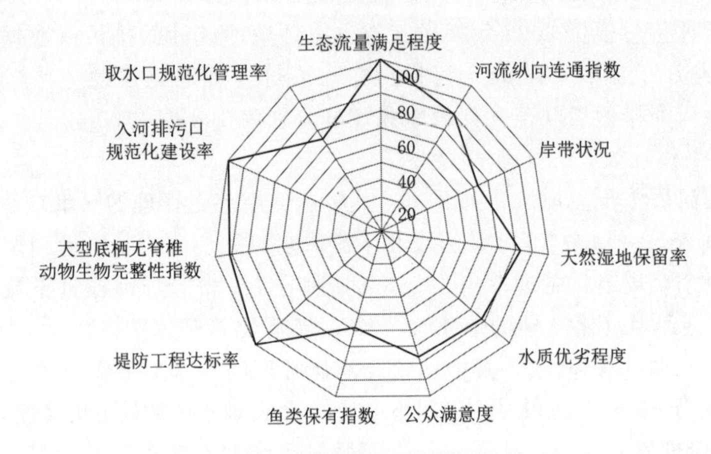

（a）健康评价指标层赋分雷达

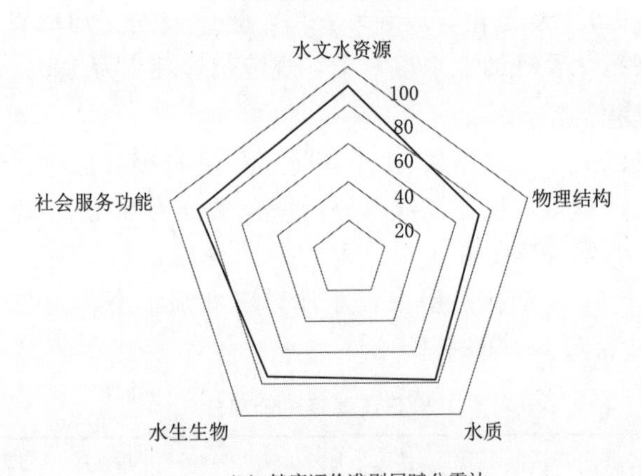

（b）健康评价准则层赋分雷达

图6.2 松花江健康评价赋分

6.4 河流健康整体特征

6.4.1 取水口管理不规范

取水口管理存在无取水许可取水、无监测计量设施等不规范行为，其中嫩江干流取水口共计96处，发放取水许可并且按审批水量和范围取水的有56处，占总数的58.3%，安装监测计量设施的39处，占总数的40.6%。

6.4.2 水质污染防治仍然艰巨

近年来，松花江沿岸生态系统的生态健康和可持续性有所改善，水质状况不断提升，但污染防治任务仍然艰巨。6—9月，河流处于汛期和农业灌溉的灌排水期，径流作用强烈，污染物随地表径流大量进入水体，主要污染物为有机污染物，从而导致下游河段的高锰酸盐指数明显增加。松花江干流连接了松嫩平原和三江平原，沿岸分布有多处大型灌区，灌区退水对松花江水质影响仍不可忽视。哈尔滨市城区所在河段水质优劣程度最差，说明城市排污也是导致河流有机质含量超标的主要影响因素，耗氧有机物污染治理工作仍不能松懈。

6.4.3 生物多样性受损

大顶子山航电枢枢纽是影响松花江纵向联通的主要因素，产生的生态影响有两个方面。一方面是由于大顶子山航电枢纽在建设时期未建设生物鱼道，阻碍了河流生态系统的水循环和物质交换，严重破坏了鱼类的生长、繁殖、育肥、洄游环境，阻断了鱼类洄游通道；同时阻断了鲢鱼产卵群体由下游向位于松花江上游肇源、涝洲段鲢鱼的产卵场繁殖的洄游通道，使涝洲段鲢鱼的产卵场失去其生态功能；此外也阻断了乌苏里白鲑、日本七鳃鳗等鱼类洄游通道，使得乌苏里白鲑、日本七鳃鳗等在大顶子山航电枢纽上游基本消失。另一方面是水体下泄往往会形成水温度较低的现象，引起河流温度分层。河道水温降低还会影响鱼类产卵，导致降低渔获量。

第7章 嫩江健康评价

7.1 河流概况

7.1.1 自然状况

嫩江是松花江的北源，发源于大兴安岭伊勒呼里山南麓，在三岔河口处与松花江南源汇合后为松花江干流。嫩江流域总面积29.85万km^2，约占松花江流域总面积的52%，干流全长1370km。嫩江是黑龙江省、内蒙古自治区、吉林省的界江，嫩江左岸全部位于黑龙江省境内，由北向南流经大兴安岭地区松岭区、呼玛县，黑河市嫩江市，齐齐哈尔市的讷河市、富裕县、建华区、龙沙区、昂昂溪区，大庆市杜尔伯特蒙古族自治县、肇源县等县（市、区）；右岸流经内蒙古自治区呼伦贝尔市的鄂伦春自治旗、莫力达瓦达斡尔族自治旗，黑龙江省加格达奇松岭区、甘南县、齐齐哈尔市梅里斯区、富拉尔基区、龙江县，内蒙古自治区兴安盟的扎赉特旗、泰来县，吉林省白城市的镇赉县、大安市以及松原市的前郭尔罗斯蒙古族自治县、宁江区。在黑龙江省境内流域面积10.3万km^2，长度1177.97km。

嫩江流域在嫩江市以上属山区，山高林密，植被较好，森林覆盖率高，河源区为著名的大兴安岭山地林区，森林密布，沼泽众多，河谷狭窄，水流湍急，水面宽100～200m，河道比降1.4%，河流为卵石及砂砾组成；嫩江市到尼尔基镇是山地到平原的过渡地带，河道长122km，两岸多低山丘陵，地势较上游段平坦，两岸不对称；从尼尔基镇到三岔河口段进入广阔的松嫩平原地带，河道蜿蜒曲折，沙滩、沙洲、江汊多，多呈辫状河道，两岸滩地延展很宽，最宽处可达10余千米，最大水深74m，滩地上广泛分布着泡沼、湿地和牛轭湖。

嫩江干流沿线流域面积大于5000km^2的主要一级支流有12条，其中右岸有那都里河、多布库尔河、甘河、诺敏河、阿伦河、雅鲁河、绰尔河、洮儿河等8条支流；左岸有门鲁河、科洛河、嫩江、乌裕尔河等4条支流。

7.1.2 生态环境状况

7.1.2.1 水文水资源及开发利用状况

嫩江流域地处寒温带，属大陆性季风气候，春季回暖快，夏季雨热同季，秋季降温急，冬季较漫长。气候的基本特征是年平均气温较低、无霜期短、四季和昼夜气温较差大。多年平均气温在1.2℃，南北温差大于3.2℃，多年平均降水量为490mm，风向多为北风，其次是南风。全年降水主要集中在夏秋季，冬季降水量少。因此冬季径流量少，约占全年径流的5%。春季径流略有增加，约占年径流的20%。夏季径流最丰，约占全年径流量65%。秋季径流普遍减少，约占10%。年最高水位的年际变化较大，年最低水位的年际变化较小。年最高水位的最高值为1969年的148.61m，最低值为1974年的143.93m，相差4.68m；年最低水位的最高值为1971年的143.62m，最低值为1971年的142.77m，相差仅0.85m。从富拉尔基站1905—1985年这80年间最大流量资料分析，50年代为丰水期，60年代为平水期，70年代为枯水期，80年代又开始为丰水期。新中国成立后发生全流域性的大洪水有1953年、1955年、1956年和1969年。

嫩江流域水资源总量为当地降水形成的地表和地下产水量，第一部分为河川径流量，即地表水资源量；第二部分为降雨入渗补给地下水而未通过河川基流排泄的水量，即地下水资源量中与地表水资源量计算之间的不重复量。嫩江流域（黑龙江省）多年平均水资源总量为111.31亿m^3，其中地表水资源量为69.83亿m^3，地下水资源量为64.67亿m^3，地下水与地表水资源不重复计算量为41.48亿m^3。根据黑龙江省政府批复的《嫩江生态流量保障实施方案》，嫩江干流生态流量目标值为35m^3/s，鱼类越冬期生态流量、冰封期需水量目标值为200m^3/s。

7.1.2.2 水质状况

根据《全国重要江河湖泊水功能区划（2011—2030年）》，嫩江干流划定了9个一级水功能区，12个二级水功能区。嫩江干流水功能区划分及水质目标见表7.1。

表7.1　嫩江干流水功能区划情况　　单位：km

一级水功能区名称	二级水功能区名称	起始断面	终止断面	长度	水质目标
嫩江嫩江市源头水保护区		十二站林场	石灰窑水文站	236.1	Ⅱ
嫩江黑蒙缓冲区1		石灰窑水文站	尼尔基水库库尾	164.7	Ⅲ
嫩江尼尔基水库调水水源保护区		尼尔基水库库尾	尼尔基水库坝址	137.7	Ⅱ
嫩江黑蒙缓冲区2		尼尔基水库坝址	鄂温克族乡	56.5	Ⅲ
嫩江甘南县保留区		鄂温克族乡	同盟水文站	21.1	Ⅲ

续表

一级水功能区名称	二级水功能区名称	起始断面	终止断面	长度	水质目标
嫩江齐齐哈尔市开发利用区	嫩江富裕县农业用水区	同盟水文站	东南屯	27.5	Ⅲ
	嫩江富裕县排污控制区	东南屯	莽格吐乡	6.3	
	嫩江富裕县过渡区	莽格吐乡	登科村	15.7	Ⅳ
	嫩江中部引嫩工业、农业用水区	登科村	雅尔赛乡	52.8	Ⅲ
	嫩江中部引嫩过渡区	雅尔赛乡	新嫩江公路桥	6.2	Ⅱ
	嫩江浏园饮用、农业用水区	新嫩江公路桥	明星屯	22.3	Ⅲ
	嫩江齐齐哈尔市排污控制区	明星屯	屯子房村	13.1	
	嫩江齐齐哈尔市过渡区	屯子房村	富拉尔基铁路桥	16.3	Ⅲ
	嫩江富拉尔基工业、景观娱乐用水区	富拉尔基铁路桥	发电总厂取水口下 50m	8.9	Ⅲ
	嫩江富拉尔基电厂排污控制区	发电总厂取水口下 50m	四间房村	8.7	
	嫩江莫呼过渡区	四间房村	莫呼公路桥	12.4	Ⅳ
嫩江黑蒙缓冲区 3		莫呼公路桥	江桥镇	62.1	Ⅲ
嫩江泰来县开发利用区	嫩江泰来县农业、渔业用水区	江桥镇	光荣村	78.6	Ⅲ
嫩江黑吉缓冲区		光荣村	三岔河	250.8	Ⅲ

7.1.2.3 水生生物状况

《黑龙江鱼类》一书中记载嫩江鱼类有 72 种（亚种）；1985 年出版的《黑龙江省渔业资源》中记载嫩江鱼类有 73 种；《黑龙江省鱼类志》中记载嫩江鱼类有 77 种（亚种），而在《黑龙江、绥芬河、兴凯湖渔业资源》一书中则记载嫩江鱼类有 84 种。

7.1.2.4 自然保护区状况

嫩江干流划定了 3 个省级自然保护区，分别为尼尔基自然保护区、黑龙江齐齐哈尔沿江湿地省级自然保护区、黑龙江肇源沿江湿地自然保护区。

（1）尼尔基自然保护区。尼尔基自然保护区位于黑龙江省讷河市西北、嫩江东岸，属于内陆湿地与水域生态系统自然保护区，保护区总面积 30372.7hm^2，其中核心区面积 12221.86hm^2、缓冲区面积 9865.05hm^2、实验区面积 8285.8hm^2。主要保护对象为典型森林湿地生态系统及珍稀野生动植物资源。该区域是目前我国保存下来的最为典型和完整的代表松嫩平原湿地类型的内陆湿地生态系统之一。

（2）黑龙江齐齐哈尔沿江湿地省级自然保护区。2010年11月，经黑龙江省政府批准，黑龙江齐齐哈尔沿江湿地省级自然保护区建立，位于黑龙江省齐齐哈尔市建华区及梅里斯区。保护区主要沿嫩江两岸南北带状延伸，同时包括嫩江支流音河与阿伦河两部分，保护区总面积31675hm^2，其中核心区面积12287hm^2、缓冲区面积9911hm^2、实验区面积9477hm^2。主要保护对象为嫩江干流湿地生态系统及栖息于此的珍稀野生动植物。

（3）黑龙江肇源沿江湿地自然保护区。黑龙江肇源沿江湿地自然保护区位于肇源县境内，属湿地和水域生态系统类型，保护区总面积56112hm^2，其中核心区面积18947hm^2，缓冲区面积18338hm^2，实验区面积18827hm^2。

7.1.3 水利工程概况

7.1.3.1 水库工程

尼尔基水利枢纽是嫩江干流唯一一座大（1）型水库。尼尔基水利枢纽是嫩江干流唯一一座大（1）型水库，是以防洪、城镇生活和工农业供水为主，结合发电，兼有改善下游航运和水环境，并为松辽地区水资源的优化配置创造条件的大型控制性工程。坝址右岸为内蒙古自治区莫力达瓦达斡尔族自治旗尼尔基镇，左岸为黑龙江省讷河市二克浅镇，距下游工业重镇齐齐哈尔市约189km。尼尔基水利枢纽于2001年6月开始施工，2005年9月下闸蓄水，2006年7月首台机组并网发电，2006年12月底主体工程全部完工。

尼尔基水利枢纽工程正常蓄水位216.00m，校核洪水位219.90m，设计洪水位218.15m，防洪高水位218.15m，汛期限制水位213.37m，死水位195.00m，水库总库容86.1亿m^3，防洪库容23.68亿m^3，兴利库容59.68亿m^3，总装机容量25万kW，多年平均发电量6.387万kW。

7.1.3.2 引水工程

嫩江左岸松嫩低平原地带为属于黑龙江省西部半干旱地区，既是资源性缺水的闭流区，也是盐碱、风沙严重地区。20世纪70年代，嫩江干流先后建设了北部引嫩、中部引嫩、南部引嫩等“三引”工程和“八一”运河引水工程。

北引工程建于1976年，主要任务是为大庆市工业及居民生活和农牧业灌溉供水，设计年平均引水量4.9亿m^3，渠首设计引水流量50m^3/s。

中引工程建于1970年，1996年进行了扩建，主要任务是为工业、农牧业灌溉供水及扎龙湿地补水，渠道设计流量80m^3/s。水利部2004年批复了《尼尔基水利枢纽配套项目黑龙江省引嫩扩建骨干工程规划报告》，规划确定北引工程、中引的工程的任务是为大庆及安达等城市供水、农业灌溉、改善生态环境。一期工程多年平均供水量22.6亿m^3，其中城市工业及生活供水量10.4亿m^3、农牧业灌溉供水量 8.4 亿 m^3、湿地等生态供水量 3.8 亿 m^3。二期工程多年平均引水量 28.9 亿 m^3。

南引工程是在洪水期引洪水入南引水库，工程主要任务是为改善生态环境、农业灌溉、养鱼育苇，1998 年水毁重建后增加为大庆市供水的任务，设计引水量 5.9 亿 m^3，1999 年按照水毁重建工程编制了水库的初步设计。在《尼尔基水利枢纽配套项目黑龙江省引嫩扩建骨干工程规划报告》中，规划南引水库按消险后规模运行，南引干渠长 3.7km，最大引水流量 120m^3/s。

"八一"运河引水工程渠首为无坝引水，由嫩江岔流托力河大黑湾引水，由于"八一"运河属引洪工程，保证率较低。20 世纪 80 年代前，"八一"运河为连环湖生态补水起到一定作用，多年平均引水量 0.6 亿 m^3。20 世纪 80 年代后，由于多种原因中断了引水，工程现状由汤池镇托管，干渠进水口及引渠冲淘淤堵严重。

7.1.3.3 堤防工程

嫩江干流堤防总长度 656.2km，其中黑河市堤防长度 65.5km，齐齐哈尔市堤防长度 455.9km，大庆市堤防长度 11.3km。嫩江尼尔基水库以上河段防洪标准为 20～50 年一遇，尼尔基水库以下河段中的齐齐哈尔市主城区段防洪标准为 100 年一遇，其他区域防洪标准均为 50 年一遇。

7.2 评价河段划分

嫩江干流评价河段划分为河段Ⅰ～河段Ⅷ，见表 7.2。划分标准综合考虑了地形地貌、水功能区划、行政区划等因素。

表 7.2 嫩江干流评价河段划分

评价河段	起 点	终 点	长度/km	长度占比/%
河段Ⅰ	嫩江源头	那都里河入河口	283.38	24
河段Ⅱ	那都里河入河口	科洛河入河口	164.27	14
河段Ⅲ	科洛河入河口	嫩江市讷河市界	83.54	7
河段Ⅳ	嫩江市讷河市界	甘南县齐齐哈尔市区界	157.01	13
河段Ⅴ	甘南县齐齐哈尔市区界	齐齐哈尔市区泰来县界	151.88	13
河段Ⅵ	齐齐哈尔市区泰来县界	泰来县吉林省界	141.26	12
河段Ⅶ	泰来县吉林省界	杜蒙县肇源县界	78.52	7
河段Ⅷ	杜蒙县肇源县界	松花江口	118.11	10
合计			1177.97	100

7.2.1 地形地貌

嫩江市科洛河入河口及以上河床较窄、河道坡降较陡，科洛河入河口以下坡降逐渐变缓，至尼尔基水库下游，进入平原地带，河床较宽、多条支流汇入，考虑流域地形地貌，可将嫩江划分山区段、山区平原缓冲段和平原段3个河段。

7.2.2 水功能区划

嫩江有9个水功能一级区，考虑不同区域的功能定位，可将嫩江划分为嫩江嫩江市源头水保护区段、嫩江黑蒙缓冲区1段、嫩江尼尔基水库调水水源保护区段、嫩江黑蒙缓冲区2段、嫩江甘南县保留区段、嫩江齐齐哈尔市开发利用区段、嫩江黑蒙缓冲区3段、嫩江泰来县开发利用区段、嫩江黑吉缓冲区段等9个河段。

7.2.3 行政区划

嫩江干流流经15个县级行政区，考虑河长管理范围，可将嫩江分为松岭区段、呼玛县段、嫩江市段、讷河市段、甘南县段、富裕县段、龙江县段、齐齐哈尔市梅里斯区段、建华区段、龙沙区段、昂昂溪区段、富拉尔基区段、泰来县段、杜蒙县段、肇源县段等15个河段。

7.3 河流健康评价

7.3.1 水文水资源

7.3.1.1 生态流量满足程度

针对季节性河流，可根据丰、平、枯水年分别计算满足生态流量的天数占各水期天数的百分比，按计算结果百分比数值赋分。

由黑龙江省监测的嫩江干流水文站有5处（江桥站、石灰窑站、库漠屯站、同盟（二）站、富拉尔基站），均有30年以上连续日径流量监测数据。据《嫩江生态流量保障实施方案（试行）》得知嫩江生态流量主要控制断面有尼尔基水库、江桥、大赉，生态基流目标值均为35m^3/s。3个生态流量控制断面中，黑龙江省仅掌握江桥断面水文监测数据。因此，以江桥断面生态流量满足程度赋分代表嫩江各评价河段生态流量满足程度赋分。经计算得出，江桥站生态流量满足程度和赋分为100%、100分，嫩江各评价河段生态流量满足程度赋分均为100分。

7.3.1.2 河流纵向连通指数

嫩江干流有拦河坝3座，其中尼尔基水库大坝、浏园水厂橡胶坝，均未设置过鱼设施，北部引嫩拦河坝建有生物鱼道。嫩江干流中游多分叉和汇集，构成辫状河道，建华区段浏园水厂橡胶坝位于其中一条分叉河床上，本次评价未考虑其对嫩江干流的阻隔影响。

尼尔基水库［大（1）型水库］位于河段Ⅳ。根据评价河段划分，计算出河段Ⅳ纵向连通指数0.64个/100km，赋分34分，其余河段纵向连通指数0个/100km，赋分100分。指数表明讷河市尼尔基水库未建过鱼设施，对嫩江水生生物纵向连通有阻隔。

7.3.2 物理结构

7.3.2.1 岸带状况

岸带状况指标包含岸坡稳定性和岸带植被覆盖度两个评价因子，赋分权重分别为0.4和0.6，计算得出河段Ⅰ～河段Ⅷ的岸带状况赋分分别为75分、77分、80分、80分、74分、68分、76分、82分，嫩江监测点岸带记录见表7.3，嫩江干流岸带状况赋分见表7.4。

表7.3 嫩江监测点岸带记录

评价河段	监测点	监测断面	岸别	岸坡倾角/(°)	岸坡植被覆盖度/%	基质特征	冲刷强度	岸坡高度/m
河段Ⅰ	监测点1	DT010101	左	33	100	黏土	无	1.6
		DT010102	左	31	100	黏土	无	1.3
		DT010103	左	35	100	黏土	无	2.3
		DT010104	左	58	50	黏土	无	5.0
		DT010105	左	61	100	黏土	无	8.5
		DT010106	左	55	60	黏土	无	6.0
		DT010107	左	42	50	黏土	无	5.7
		DT010108	左	39	50	黏土	无	4.8
		DT010109	左	58	40	黏土	无	10.7
		DT010110	左	44	50	黏土	无	5.3
		DT010111	左	37	40	黏土	无	4.6
	监测点2	DT020101	左	20	100	沙土	轻度	0.4
		DT020102	左	15	0	人工砌石	轻度	0.2
		DT020103	左	18	0	人工砌石	轻度	0.5
		DT020104	左	20	0	人工砌石	重度	0.5
		DT020105	左	23	0	人工砌石	重度	0.7
		DT020106	左	20	0	人工砌石	重度	0.5

续表

评价河段	监测点	监测断面	岸别	岸坡倾角/(°)	岸坡植被覆盖度/%	基质特征	冲刷强度	岸坡高度/m
河段Ⅰ	监测点2	DT020107	左	17	0	人工砌石	重度	0.4
		DT020108	左	15	0	人工砌石	重度	0.2
		DT020109	左	23	0	人工砌石	重度	0.6
		DT020110	左	21	0	人工砌石	重度	0.5
		DT020111	左	20	0	人工砌石	重度	0.5
河段Ⅱ	监测点3	DT030101	左	2	100	黏土	无	0.1
		DT030102	左	3	100	黏土	无	1.6
		DT030103	左	3	100	黏土	无	1.3
		DT030104	左	4	100	黏土	无	1.3
		DT030105	左	2	100	黏土	无	0.6
		DT030106	左	1	100	黏土	无	0.1
		DT030107	左	3	100	黏土	无	0.3
		DT030108	左	2	100	黏土	无	0.2
		DT030109	左	1	100	黏土	无	0.1
		DT030110	左	3	100	黏土	无	0.1
		DT030111	左	2	100	黏土	无	0.1
	监测点4	DT040101	左	34	0	土石	无	2.9
		DT040102	左	15	40	沙土	无	0.6
		DT040103	左	12	50	沙土	无	0.7
		DT040104	左	10	60	沙土	无	0.7
		DT040105	左	9	100	沙土	无	0.5
		DT040106	左	10	100	沙土	无	0.6
		DT040107	左	12	100	沙土	无	0.9
		DT040108	左	8	100	沙土	无	0.4
		DT040109	左	11	100	沙土	无	0.4
		DT040110	左	10	100	沙土	无	0.3
		DT040111	左	10	100	沙土	无	0.3
河段Ⅲ	监测点5	DT050101	左	23	100	沙土	无	1.3
		DT050102	左	31	100	沙土	无	1.6
		DT050103	左	35	100	沙土	无	1.3
		DT050104	左	28	100	沙土	无	1.5
		DT050105	左	35	100	沙土	无	1.7

续表

评价河段	监测点	监测断面	岸别	岸坡倾角/(°)	岸坡植被覆盖度/%	基质特征	冲刷强度	岸坡高度/m
河段Ⅲ	监测点5	DT050106	左	33	100	沙土	无	1.4
		DT050107	左	34	100	沙土	无	1.6
		DT050108	左	31	100	沙土	无	1.4
		DT050109	左	32	100	沙土	无	1.6
		DT050110	左	34	10	沙土	无	1.3
		DT050111	左	30	10	沙土	无	1.3
	监测点6	DT060101	左	25	100	沙土	无	5.9
		DT060102	左	23	100	沙土	无	5.3
		DT060103	左	27	100	沙土	无	12.9
		DT060104	左	21	100	沙土	无	9.0
		DT060105	左	23	100	沙土	无	9.2
		DT060106	左	25	100	沙土	无	12.1
		DT060107	左	23	100	沙土	无	10.5
		DT060108	左	12	80	沙土	无	0.8
		DT060109	左	34	80	沙土	无	1.7
		DT060110	左	30	80	沙土	无	1.3
		DT060111	左	26	100	沙土	无	1.9
河段Ⅳ	监测点7	DT070101	左	19	70	沙土	无	5.0
		DT070102	左	21	80	土石	无	5.8
		DT070103	左	20	80	土石	无	5.6
		DT070104	左	29	100	沙土	无	2.3
		DT070105	左	53	0	沙土	轻度	4.5
		DT070106	左	61	0	沙土	轻度	5.6
		DT070107	左	82	0	沙土	轻度	17.1
		DT070108	左	80	0	沙土	轻度	12.5
		DT070109	左	83	0	沙土	轻度	18.7
		DT070110	左	85	0	沙土	轻度	28.6
		DT070111	左	90	0	沙土	轻度	5.6
	监测点8	DT080101	左	42	50	沙土	无	1.3
		DT080102	左	9	30	沙土	无	1.6
		DT080103	左	32	80	沙土	无	6.6
		DT080104	左	39	60	沙土	无	6.8

续表

评价河段	监测点	监测断面	岸别	岸坡倾角/(°)	岸坡植被覆盖度/%	基质特征	冲刷强度	岸坡高度/m
河段Ⅳ	监测点8	DT080105	左	35	20	沙土	无	6.4
		DT080106	左	29	60	沙土	无	4.9
		DT080107	左	31	0	沙土	无	3.3
		DT080108	左	34	0	黏土	无	4.2
		DT080109	左	32	0	黏土	无	4.4
		DT080110	左	35	0	沙土	无	5.7
		DT080111	左	33	0	沙土	无	5.1
河段Ⅴ	监测点9	DT090201	左	24	28	沙土	无	3.8
		DT090202	左	21	33	沙土	无	0.8
		DT090203	左	52	81	沙土	无	11.3
		DT090204	左	44	0	沙土	无	8.8
		DT090205	左	38	0	沙土	无	2.0
		DT090206	左	24	0	土石	无	1.6
		DT090207	左	22	0	土石	无	1.3
		DT090208	左	36	70	沙土	无	3.7
		DT090209	左	37	82	沙土	无	10.3
		DT090210	左	42	69	沙土	无	7.0
		DT090211	左	36	70	沙土	无	9.0
	监测点10	DT100101	左	20	10	沙土	无	2.3
		DT100102	左	20	10	沙土	无	2.3
		DT100103	左	20	10	沙土	无	2.6
		DT100104	左	20	0	沙土	无	2.3
		DT100105	左	20	0	沙土	无	2.3
		DT100106	左	20	0	沙土	无	2.3
		DT100107	左	20	0	沙土	无	2.3
		DT100108	左	20	0	沙土	无	2.3
		DT100109	左	20	0	沙土	无	2.3
		DT100110	左	20	0	沙土	无	2.3
		DT100111	左	20	0	沙土	无	2.3
		DT100201	右	35	0	沙土	无	1.6
		DT100202	右	28	36	沙土	无	2.3
		DT100203	右	33	0	土石	轻度	1.6

续表

评价河段	监测点	监测断面	岸别	岸坡倾角/(°)	岸坡植被覆盖度/%	基质特征	冲刷强度	岸坡高度/m
河段Ⅴ	监测点 10	DT100204	右	27	0	土石	无	1.7
		DT100205	右	30	0	土石	轻度	1.8
		DT100206	右	29	0	土石	无	1.6
		DT100207	右	41	0	沙土	无	2.3
		DT100208	右	45	0	沙土	无	3.1
		DT100209	右	40	0	沙土	无	2.9
		DT100210	右	9	0	土石	无	2.5
		DT100211	右	12	0	黏土	无	1.4
河段Ⅵ	监测点 11	DT110201	左	16	0	土石	轻度	1.0
		DT110202	左	10	0	土石	轻度	1.1
		DT110203	左	8	0	土石	轻度	0.8
		DT110204	左	10	0	土石	轻度	0.5
		DT110205	左	9	0	土石	轻度	0.5
		DT110206	左	11	0	土石	轻度	0.5
		DT110207	左	8	0	土石	轻度	0.4
		DT110208	左	12	0	土石	轻度	0.7
		DT110209	左	11	0	土石	轻度	0.6
		DT110210	左	10	0	土石	轻度	0.5
		DT110211	左	10	0	土石	轻度	0.8
		DT110101	右	13	10	土石	无	0.8
		DT110102	右	12	20	土石	无	0.9
		DT110103	右	16	0	土石	无	0.8
		DT110104	右	17	0	土石	无	0.7
		DT110105	右	36	0	沙土	轻度	1.7
		DT110106	右	68	20	沙土	无	15.6
		DT110107	右	73	54	沙土	无	29.1
		DT110108	右	15	0	土石	无	0.7
		DT110109	右	13	0	土石	无	0.5
		DT110110	右	14	0	土石	无	0.8
		DT110111	右	13	0	土石	无	0.7

续表

评价河段	监测点	监测断面	岸别	岸坡倾角/(°)	岸坡植被覆盖度/%	基质特征	冲刷强度	岸坡高度/m
河段Ⅵ	监测点12	DT120101	左	13	0	土石	无	0.8
		DT120102	左	13	0	土石	无	0.7
		DT120103	左	14	0	土石	无	0.7
		DT120104	左	12	0	土石	无	0.7
		DT120105	左	12	8	土石	无	0.9
		DT120106	左	13	10	土石	无	0.7
		DT120107	左	10	20	土石	无	1.2
		DT120108	左	6	58	黏土	无	1.6
		DT120109	左	4	62	黏土	无	1.3
		DT120110	左	9	20	黏土	无	1.5
		DT120111	左	11	35	黏土	无	1.7
		DT120201	右	36	0	土石	无	0.9
		DT120202	右	39	0	土石	无	0.7
		DT120203	右	12	30	沙土	无	0.9
		DT120204	右	15	0	土石	无	1.4
		DT120205	右	5	80	黏土	无	1.4
		DT120206	右	6	80	黏土	无	1.8
		DT120207	右	4	85	黏土	无	0.7
		DT120208	右	5	85	黏土	无	0.8
		DT120209	右	4	90	黏土	无	1.1
		DT120210	右	5	88	黏土	无	1.4
		DT120211	右	6	80	黏土	无	1.3
	监测点13	DT130101	左	7	10	黏土	无	0.8
		DT130102	左	9	10	黏土	无	0.8
		DT130103	左	9	8	黏土	无	1.0
		DT130104	左	6	9	黏土	无	1.0
		DT130105	左	7	10	黏土	无	1.0
		DT130106	左	5	0	黏土	无	0.5
		DT130107	左	8	0	黏土	轻度	0.6
		DT130108	左	5	0	黏土	无	0.4
		DT130109	左	7	0	黏土	轻度	0.4

续表

评价河段	监测点	监测断面	岸别	岸坡倾角/(°)	岸坡植被覆盖度/%	基质特征	冲刷强度	岸坡高度/m
河段Ⅵ	监测点13	DT130110	左	8	0	黏土	无	0.7
		DT130111	左	9	0	沙土	轻度	0.4
		DT130201	右	11	0	土石	无	0.9
		DT130202	右	9	0	土石	无	0.8
		DT130203	右	12	0	土石	无	1.2
		DT130204	右	10	0	土石	无	1.1
		DT130205	右	9	0	土石	无	0.9
		DT130206	右	11	0	土石	无	1.2
		DT130207	右	12	0	土石	无	1.2
		DT130208	右	10	0	土石	无	1.0
		DT130209	右	11	0	土石	无	1.1
		DT130210	右	10	0	土石	轻度	0.9
		DT130211	右	13	0	土石	轻度	1.1
河段Ⅶ	监测点14	DT140101	左	10	40	黏土	无	1.1
		DT140102	左	9	30	黏土	无	1.1
		DT140103	左	10	35	黏土	无	1.1
		DT140104	左	9	42	黏土	无	1.2
		DT140105	左	11	35	黏土	无	1.6
		DT140106	左	8	33	黏土	无	0.8
		DT140107	左	9	30	黏土	无	1.0
		DT140108	左	7	30	黏土	无	0.5
		DT140109	左	6	30	黏土	无	0.6
		DT140110	左	9	35	黏土	无	0.6
		DT140111	左	19	0	黏土	轻度	0.7
		DT140201	右	14	0	沙土	无	1.0
		DT140202	右	11	0	沙土	无	1.1
		DT140203	右	10	0	沙土	无	1.2
		DT140204	右	12	0	土石	无	1.7
		DT140205	右	11	0	土石	无	1.4
		DT140206	右	9	0	土石	无	1.0
		DT140207	右	10	0	土石	无	1.2
		DT140208	右	9	0	土石	无	1.4

续表

评价河段	监测点	监测断面	岸别	岸坡倾角/(°)	岸坡植被覆盖度/%	基质特征	冲刷强度	岸坡高度/m
河段Ⅶ	监测点14	DT140209	右	8	0	土石	无	1.4
		DT140210	右	8	0	土石	无	1.2
		DT140211	右	6	0	土石	无	1.9
	监测点15	DT150101	左	90	0	土石	轻度	2.9
		DT150102	左	90	0	土石	轻度	5.6
		DT150103	左	25	0	土石	无	2.8
		DT150104	左	26	20	土石	无	4.5
		DT150105	左	17	27	土石	无	1.8
		DT150106	左	16	30	沙土	无	3.8
		DT150107	左	17	15	沙土	无	4.0
		DT150108	左	25	10	沙土	无	4.9
		DT150109	左	29	35	沙土	无	4.8
		DT150110	左	20	55	沙土	无	2.4
		DT150111	左	23	42	沙土	无	5.6
		DT150201	右	27	0	土石	无	2.5
		DT150202	右	8	0	土石	无	0.7
		DT150203	右	44	0	沙土	轻度	1.9
		DT150204	右	28	0	土石	轻度	1.6
		DT150205	右	39	0	沙土	轻度	2.4
		DT150206	右	90	0	沙土	轻度	2.9
		DT150207	右	90	0	沙土	轻度	2.7
		DT150208	右	90	0	沙土	轻度	3.0
		DT150209	右	90	0	沙土	轻度	3.0
		DT150210	右	90	0	沙土	轻度	3.4
		DT150211	右	90	0	沙土	轻度	2.5
	监测点16	DT160201	右	26	15	黏土	无	7.5
		DT160202	右	32	0	黏土	无	1.9
		DT160203	右	29	0	黏土	无	2.9
		DT160204	右	18	0	沙土	无	2.4
		DT160205	右	19	0	沙土	无	3.0
		DT160206	右	29	0	沙土	无	2.1

续表

评价河段	监测点	监测断面	岸别	岸坡倾角/(°)	岸坡植被覆盖度/%	基质特征	冲刷强度	岸坡高度/m
河段Ⅶ	监测点16	DT160207	右	27	10	沙土	无	2.0
		DT160208	右	27	10	沙土	无	1.9
		DT160209	右	28	0	沙土	无	2.5
		DT160210	右	27	0	沙土	无	2.6
		DT160211	右	28	0	沙土	无	2.6
	监测点17	DT170201	右	16	35	黏土	无	2.8
		DT170202	右	40	0	土石	轻度	2.7
		DT170203	右	63	0	土石	轻度	4.5
		DT170204	右	10	0	土石	无	1.2
		DT170205	右	25	0	土石	无	2.2
		DT170206	右	32	0	土石	无	3.4
		DT170207	右	25	0	沙土	无	1.6
		DT170208	右	30	0	沙土	无	1.6
		DT170209	右	29	0	沙土	无	1.8
		DT170210	右	29	0	沙土	无	1.7
		DT170211	右	75	0	沙土	轻度	7.1
	监测点18	DT180201	左	77	0	沙土	轻度	9.6
		DT180202	左	86	0	沙土	轻度	18.2
		DT180203	左	88	0	沙土	轻度	45.3
		DT180204	左	89	0	沙土	轻度	50.9
		DT180205	左	87	0	沙土	轻度	29.5
		DT180206	左	3	0	土石	无	0.4
		DT180207	左	6	0	土石	无	0.8
		DT180208	左	6	0	土石	无	0.6
		DT180209	左	9	0	土石	无	0.8
		DT180210	左	8	0	土石	无	0.9
		DT180211	左	8	0	土石	无	0.8
	监测点19	DT190101	左	18	40	土石	无	2.8
		DT190102	左	27	10	沙土	无	2.8
		DT190103	左	29	0	沙土	无	1.7
		DT190104	左	23	0	沙土	无	1.9

续表

评价河段	监测点	监测断面	岸别	岸坡倾角/(°)	岸坡植被覆盖度/%	基质特征	冲刷强度	岸坡高度/m
河段Ⅶ	监测点19	DT190105	左	28	0	沙土	无	1.5
		DT190106	左	25	0	土石	无	1.6
		DT190107	左	40	0	土石	轻度	2.6
		DT190108	左	20	20	土石	无	2.5
		DT190109	左	15	10	土石	无	2.2
		DT190110	左	17	20	土石	无	2.7
		DT190111	左	21	30	土石	无	2.8
	监测点20	DT200101	左	22	0	土石	无	2.2
		DT200102	左	23	0	土石	无	2.1
		DT200103	左	19	0	土石	无	1.7
		DT200104	左	22	0	土石	无	2.2
		DT200105	左	25	0	土石	无	2.9
		DT200106	左	22	10	土石	无	7.6
		DT200107	左	23	10	土石	无	9.5
		DT200108	左	18	10	土石	无	7.8
		DT200109	左	20	10	土石	无	6.6
		DT200110	左	29	10	土石	无	11.1
		DT200111	左	25	8	沙土	无	7.1
		DT200201	右	19	0	沙土	无	3.9
		DT200202	右	19	0	沙土	无	3.9
		DT200203	右	20	10	沙土	无	4.4
		DT200204	右	18	10	沙土	无	4.0
		DT200205	右	19	10	沙土	无	4.1
		DT200206	右	18	10	沙土	无	3.8
		DT200207	右	19	10	沙土	无	4.2
		DT200208	右	19	10	沙土	无	4.3
		DT200209	右	19	10	沙土	无	4.0
		DT200210	右	18	10	沙土	无	3.7
		DT200211	右	18	10	沙土	无	3.9

续表

评价河段	监测点	监测断面	岸别	岸坡倾角/(°)	岸坡植被覆盖度/%	基质特征	冲刷强度	岸坡高度/m
河段Ⅷ	监测点21	DT210101	左	18	0	土石	无	1.2
		DT210102	左	15	0	土石	无	2.4
		DT210103	左	23	0	土石	无	1.5
		DT210104	左	30	0	土石	无	2.7
		DT210105	左	29	0	土石	无	2.8
		DT210106	左	31	0	土石	无	4.7
		DT210107	左	34	0	土石	无	5.8
		DT210108	左	30	0	土石	轻度	2.2
		DT210109	左	39	0	土石	轻度	2.4
		DT210110	左	32	0	土石	轻度	1.6
		DT210111	左	38	0	土石	轻度	2.5
		DT210201	右	36	0	沙土	无	1.9
		DT210202	右	19	15	沙土	无	3.3
		DT210203	右	13	15	沙土	无	2.6
		DT210204	右	12	10	沙土	无	1.6
		DT210205	右	20	0	土石	无	2.1
		DT210206	右	17	0	土石	无	2.6
		DT210207	右	27	15	土石	无	3.9
		DT210208	右	18	12	土石	无	1.7
		DT210209	右	68	0	土石	轻度	4.7
		DT210210	右	27	8	土石	无	1.4
		DT210211	右	26	10	黏土	无	1.3
	监测点22	DT220101	左	29	40	沙土	无	9.3
		DT220102	左	31	40	沙土	无	10.2
		DT220103	左	30	40	沙土	无	9.5
		DT220104	左	31	0	沙土	无	9.9
		DT220105	左	30	50	沙土	无	9.6
		DT220106	左	31	40	沙土	无	9.6
		DT220107	左	31	40	沙土	无	9.5
		DT220108	左	32	0	沙土	无	9.7
		DT220109	左	53	1	沙土	无	6.8

续表

评价河段	监测点	监测断面	岸别	岸坡倾角/(°)	岸坡植被覆盖度/%	基质特征	冲刷强度	岸坡高度/m
河段Ⅷ	监测点22	DT220110	左	60	2	沙土	无	9.9
		DT220111	左	58	3	沙土	无	9.8
	监测点23	DT230101	左	18	20	沙土	无	6.9
		DT230102	左	18	20	沙土	无	6.7
		DT230103	左	19	20	沙土	无	7.0
		DT230104	左	18	10	沙土	无	6.7
		DT230105	左	19	20	沙土	无	7.7
		DT230106	左	19	10	沙土	无	7.5
		DT230107	左	19	10	沙土	无	7.6
		DT230108	左	18	10	沙土	无	7.1
		DT230109	左	19	10	沙土	无	7.1
		DT230110	左	18	10	沙土	无	7.0
		DT230111	左	18	10	沙土	无	6.8
		DT230201	右	23	0	沙土	无	6.9
		DT230202	右	21	0	沙土	无	5.6
		DT230203	右	22	0	沙土	无	5.8
		DT230204	右	21	0	沙土	无	5.5
		DT230205	右	21	0	沙土	无	5.5
		DT230206	右	20	0	沙土	无	5.1
		DT230207	右	19	0	沙土	无	4.9
		DT230208	右	20	0	沙土	无	0.5
		DT230209	右	20	0	沙土	无	0.6
		DT230210	右	21	0	沙土	无	0.6
		DT230211	右	21	0	沙土	无	0.6
	监测点24	DT240101	左	17	0	沙土	无	3.3
		DT240102	左	18	0	沙土	无	3.5
		DT240103	左	17	0	沙土	无	3.2
		DT240104	左	12	15	沙土	无	4.6
		DT240105	左	13	10	沙土	无	4.8
		DT240106	左	13	15	沙土	无	4.9
		DT240107	左	14	15	沙土	无	5.4

续表

评价河段	监测点	监测断面	岸别	岸坡倾角/(°)	岸坡植被覆盖度/%	基质特征	冲刷强度	岸坡高度/m
河段Ⅷ	监测点24	DT240108	左	13	15	沙土	无	4.6
		DT240109	左	15	15	沙土	无	5.4
		DT240110	左	11	10	沙土	无	4.0
		DT240111	左	10	10	沙土	无	3.5
	监测点25	DT250101	左	13	80	沙土	无	3.9
		DT250102	左	14	80	沙土	无	5.6
		DT250103	左	13	80	沙土	无	5.0
		DT250104	左	14	60	沙土	无	4.9
		DT250105	左	15	50	沙土	无	5.4
		DT250106	左	22	60	沙土	无	10.4
		DT250107	左	23	50	沙土	无	9.5
		DT250108	左	12	60	沙土	无	2.9
		DT250109	左	11	50	沙土	无	2.8
		DT250110	左	12	60	沙土	无	3.5
		DT250111	左	13	40	沙土	无	3.6
	监测点26	DT260101	左	6	0	沙土	无	2.5
		DT260102	左	4	0	沙土	无	1.9
		DT260103	左	7	0	沙土	无	2.5
		DT260104	左	8	0	沙土	无	2.0
		DT260105	左	8	0	沙土	无	1.9
		DT260106	左	7	0	沙土	无	1.7
		DT260107	左	7	0	沙土	无	1.8
		DT260108	左	8	0	沙土	无	1.9
		DT260109	左	6	0	沙土	无	1.2
		DT260110	左	7	0	沙土	无	1.5
		DT260111	左	6	0	沙土	无	2.0
	监测点27	DT270101	左	17	0	沙土	无	4.9
		DT270102	左	18	0	沙土	无	5.1
		DT270103	左	18	10	沙土	无	5.2
		DT270104	左	18	10	沙土	无	5.3
		DT270105	左	17	0	沙土	无	4.9

续表

评价河段	监测点	监测断面	岸别	岸坡倾角/(°)	岸坡植被覆盖度/%	基质特征	冲刷强度	岸坡高度/m
河段Ⅷ	监测点27	DT270106	左	18	0	沙土	无	5.1
		DT270107	左	17	10	沙土	无	4.9
		DT270108	左	17	10	沙土	无	4.9
		DT270109	左	18	10	沙土	无	5.3
		DT270110	左	18	0	沙土	无	5.2
		DT270111	左	18	0	沙土	无	5.2
	监测点28	DT280101	左	41	0	沙土	无	3.6
		DT280102	左	37	0	沙土	无	5.2
		DT280103	左	39	0	沙土	无	5.3
		DT280104	左	38	0	沙土	无	4.5
		DT280105	左	32	0	沙土	无	2.9
		DT280106	左	14	80	沙土	无	10.2
		DT280107	左	16	70	沙土	无	15.1
		DT280108	左	8	60	沙土	无	8.5
		DT280109	左	6	80	沙土	无	4.6
		DT280110	左	8	80	沙土	无	3.9
		DT280111	左	7	80	沙土	无	3.0

表 7.4 嫩江干流岸带状况赋分

评价河段	评价因子	评价因子赋分	指标因子权重	河段赋分
河段Ⅰ	岸坡稳定性	73	0.4	75
	岸带植被覆盖度	76	0.6	
河段Ⅱ	岸坡稳定性	66	0.4	77
	岸带植被覆盖度	84	0.6	
河段Ⅲ	岸坡稳定性	65	0.4	80
	岸带植被覆盖度	90	0.6	
河段Ⅳ	岸坡稳定性	66	0.4	80
	岸带植被覆盖度	90	0.6	
河段Ⅴ	岸坡稳定性	58	0.4	74
	岸带植被覆盖度	84	0.6	
河段Ⅵ	岸坡稳定性	58	0.4	68
	岸带植被覆盖度	74	0.6	

续表

评价河段	评价因子	评价因子赋分	指标因子权重	河段赋分
河段Ⅶ	岸坡稳定性	65	0.4	76
	岸带植被覆盖度	84	0.6	
河段Ⅷ	岸坡稳定性	62	0.4	82
	河岸稳定性	96	0.6	

两个评价因子通过不同方式获取数据：岸坡稳定性采用补充现场调查，岸带植被覆盖度采用2020年遥感解译。

(1) 岸坡稳定性。嫩江干流共布设37个监测点位，每个监测点位设置11个监测断面，共计407个监测断面。其中河段Ⅰ有4个监测点位、44个监测断面；河段Ⅱ有4个监测点位、44个监测断面；河段Ⅲ有5个监测点位、55个监测断面；河段Ⅳ有9个监测点位、99个监测断面；河段Ⅴ有5个监测点位、55个监测断面；河段Ⅵ有5个监测点位、55个监测断面；河段Ⅶ有2个监测点位、22个监测断面；河段Ⅷ有3个监测点位、33个监测断面。计算得出嫩江岸坡稳定性，各河段赋分分别为73分、66分、65分、66分、58分、58分、65分、62分。表明河段Ⅰ岸坡倾角较低，植被覆盖度较高，冲刷强度小，基质多为黏土和沙土，平均高度达1.7m，岸坡处于次稳定状态；河段Ⅱ岸坡倾角较高，达到36°，植被覆盖度较高，冲刷强度小，基质多为沙土，平均高度超过4m以上，岸坡处于次稳定状态；河段Ⅲ岸坡倾角较低，植被覆盖度低，冲刷强度小，基质多为土石和沙土，平均高度超过2m，岸坡处于次稳定状态；河段Ⅳ岸坡倾角较低，植被覆盖度低，冲刷强度小，基质多为土石和沙土，平均高度达1.5m，岸坡处于次稳定状态；河段Ⅴ岸坡倾角适中，植被覆盖度低，冲刷强度小，基质多为土石和沙土，平均高度达3m以上，岸坡处于次稳定状态；河段Ⅵ岸坡倾角适中，植被覆盖度低，冲刷强度小，基质多为土石和沙土，平均高度达4m以上，岸坡处于次稳定状态；河段Ⅶ岸坡倾角低，植被覆盖度低，冲刷强度小，基质为沙土，平均高度达4m以上，岸坡处于次稳定状态；河段Ⅷ岸坡倾角低，植被覆盖度低，冲刷强度小，基质为沙土，平均高度达4m以上，岸坡处于次稳定状态。

(2) 岸带植被覆盖度。以河湖管理范围作为岸带植被覆盖度监测范围，采用2020年7—9月、30m分辨率的Landsat 8 OLI影像数据源进行解译，计算得出嫩江岸带植被覆盖度各河段分别为63%、67%、70%、70%、67%、62%、67%、73%。计算得出嫩江河段Ⅰ～河段Ⅷ岸带植被覆盖度赋分分别为76分、84分、90分、90分、84分、74分、84分、96分。数据表明嫩江源头段、齐齐哈尔市区、泰来县—吉林省界段略差，见文后彩图17。

7.3.2.2 天然湿地保留率

嫩江湿地解译可用的遥感影像数据始于1989年，黑龙江省首次湿地普查在2015年，本次评价以2015年数据作为解译标识，解译1989年和2020年湿地范围和面积，见文后彩图18。计算出嫩江流域河段Ⅰ、河段Ⅱ、河段Ⅲ、河段Ⅳ、河段Ⅴ、河段Ⅵ、河段Ⅶ、河段Ⅷ湿地保留率分别为46%、91%、94%、87%、88%、71%、54%、92%；赋分分别为41分、93分、100分、80分、81分、49分、100分、95分。计算表明嫩江干流有水力联系的湿地面积，由1987年的10656km^2下降到2020年的8858km^2。大兴安岭地区松岭区、黑河市呼玛县、齐齐哈尔市嫩江段的湿地面积萎缩问题相对严重，由1987年的663km^2下降到2020年的415km^2，萎缩了38%。

7.3.3 水质

采用2022年国控监测断面数据评价水质优劣程度，监测断面水质类别均为Ⅲ类，河段Ⅰ、河段Ⅱ、河段Ⅲ、河段Ⅳ、河段Ⅴ、河段Ⅵ、河段Ⅶ、河段Ⅷ分别赋分72分、84分、71分、72分、78分、75分、86分、78分。嫩江监测断面水质情况见图7.1。

7.3.4 水生生物

7.3.4.1 大型底栖无脊椎动物生物完整性指数

大型底栖无脊椎动物现场采样监测布设28个监测断面，采集到大型底栖无脊椎动物24目87个种类，物种数量见图7.2。水生昆虫53种，占总数61%；软体动物19种，占总数22%；环节动物7种，占总数8%；甲壳动物8种，占总数9%。

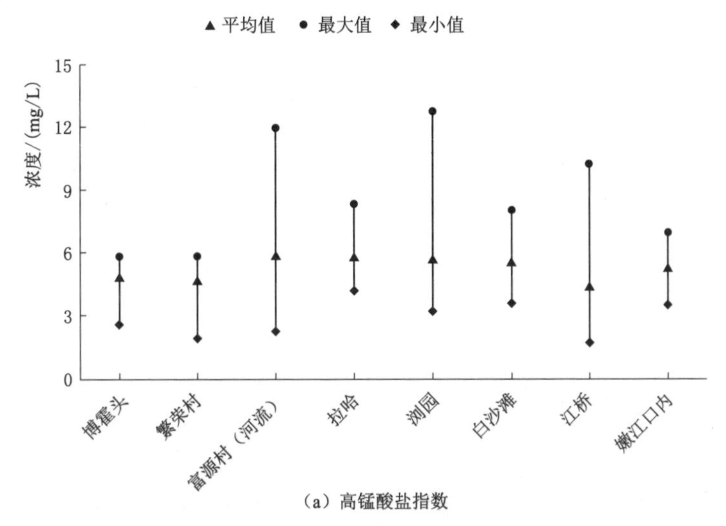

(a) 高锰酸盐指数

图7.1（一） 嫩江监测断面水质情况

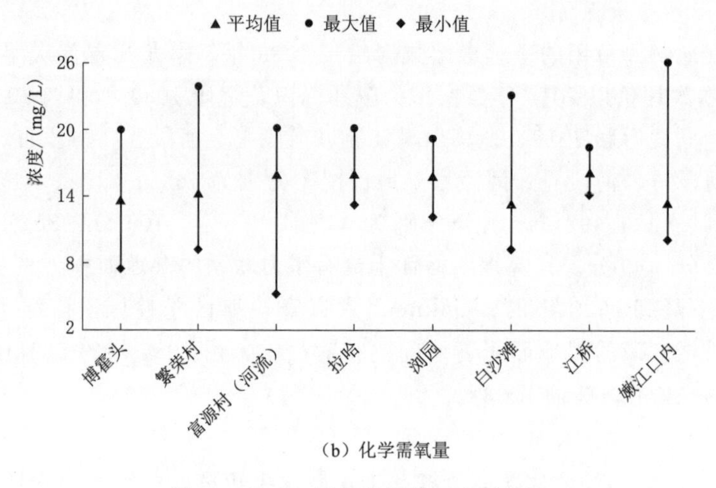

(b) 化学需氧量

图7.1(二) 嫩江监测断面水质情况

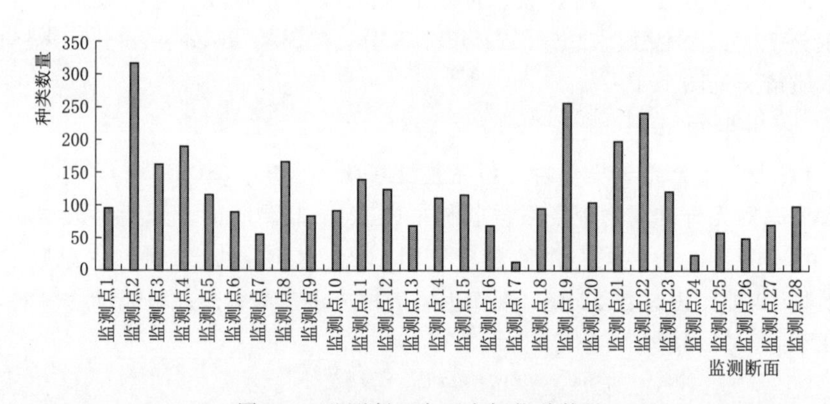

图7.2 监测断面大型底栖物种数量

计算得出，嫩江大型底栖无脊椎动物生物完整性指数最佳期望值为2.803。嫩江河段Ⅰ、河段Ⅱ、河段Ⅲ、河段Ⅳ、河段Ⅴ、河段Ⅵ、河段Ⅶ、河段Ⅷ监测断面大型底栖无脊椎动物生物完整性指数及赋分分别为83、83分，70、70分，50、50分，62、62分，63、63分，73、73分，47、47分，60、60分，见表7.5和图7.3。表明，嫩江干流大型底栖无脊椎动物类群空间分布差异较大，泰来县、杜蒙县、肇源县河段敏感物种呈下降趋势（从21%降为0），耐污物种呈上升趋势（从13%提升到28%）。

7.3.4.2 鱼类保有指数

通过调查历史资料，同时利用网捕、专访周边农户、贸易调查、市场走访、标本采集等形式对嫩江的鱼类资源进行了调查，共记录鱼类60种，隶属于8目14科。

表 7.5　　监测断面大型底栖动物生物完整性指数及赋分

评价河段	监测断面	B-IBI 监测值	B-IBI 完整性指数	河段赋分
河段Ⅰ	监测点 1	2.97	100	84
	监测点 2	1.67	59.58	
	监测点 3	2.43	86.69	
	监测点 4	2.03	72.42	
	监测点 5	2.81	100	
河段Ⅱ	监测点 6	2.23	79.56	61
	监测点 7	2.01	71.71	
	监测点 8	1.99	71.00	
	监测点 9	1.31	46.74	
	监测点 10	0.99	35.32	
河段Ⅲ	监测点 11	1.46	52.09	41
	监测点 12	0.57	20.34	
	监测点 13	1.35	48.16	
	监测点 14	1.22	43.52	
河段Ⅳ	监测点 15	1.68	59.94	60
	监测点 16	1.61	57.44	
	监测点 17	1.34	47.81	
	监测点 18	2.1	74.92	
河段Ⅴ	监测点 19	1.16	41.38	38
	监测点 20	0.65	23.19	
	监测点 21	1.14	40.67	
	监测点 22	1.28	45.67	
河段Ⅵ	监测点 23	1.98	70.64	51
	监测点 24	0.88	31.39	
河段Ⅶ	监测点 25	0.69	24.62	24
河段Ⅷ	监测点 26	0.63	22.48	70
	监测点 27	2.48	88.48	
	监测点 28	2.8	99.89	

布设 16 个监测断面开展鱼类现场专项调查监测，现场捕捞到 7 目 14 科 54 种鱼类（其中大银鱼为外来物种）。河段Ⅰ鱼类种类有 12 科 54 种、河段Ⅱ鱼类种类有 13 科 46 种、河段Ⅲ鱼类种类有 9 科 43 种、河段Ⅳ鱼类种类有 9 科 43 种、河段Ⅴ鱼类种类有 7 科 41 种、河段Ⅵ鱼类种类有 8 科 33 种、河段Ⅶ鱼类种

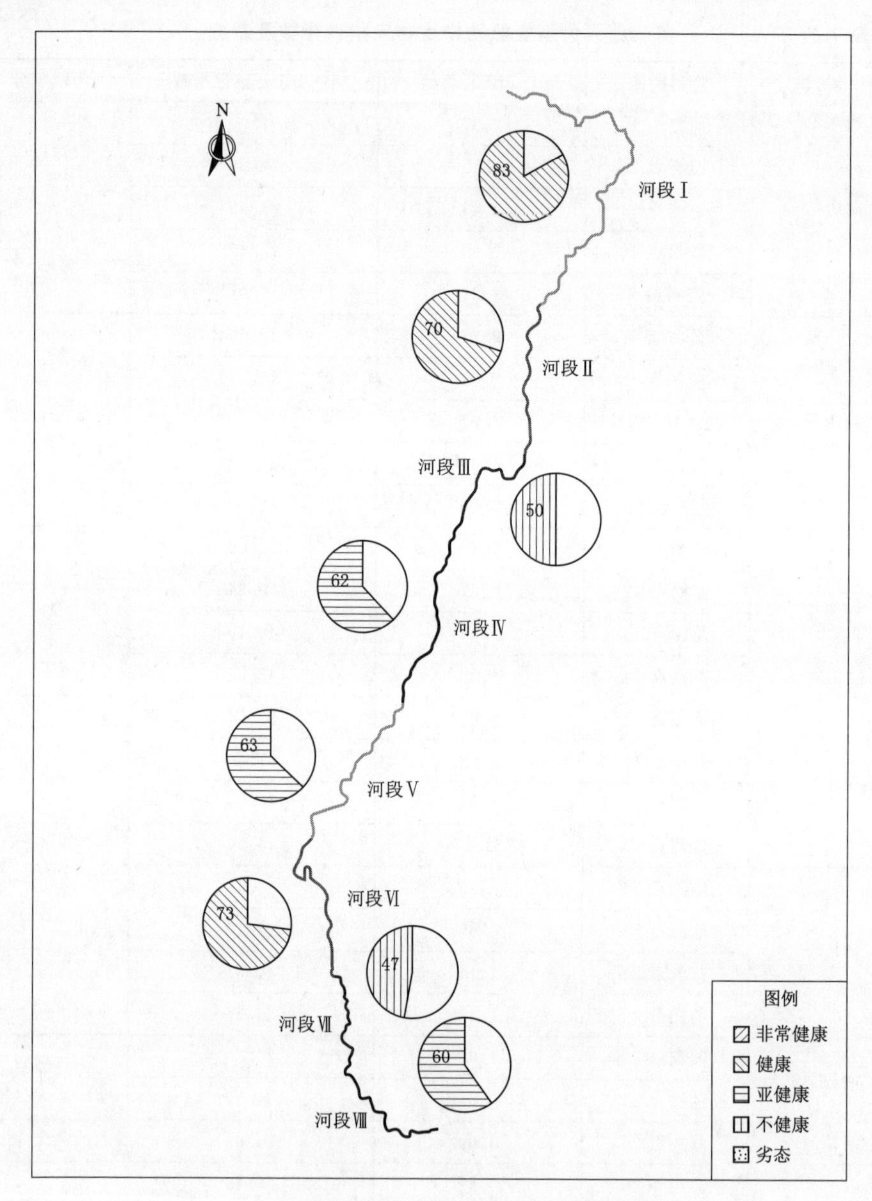

图 7.3　嫩江河段大型底栖无脊椎动物生物完整性指数

类有 9 科 29 种、河段Ⅷ鱼类种类有 7 科 33 种。鱼类指标采取整体评价方法，综合所有监测断面调查到的鱼类种类，计算得出鱼类保有指数和赋分分别为 88%、82 分。计算表明嫩江鱼类种类呈现下降趋势，鱼类种类减少 7 种，减少了 12%。通过现场调查发现，具有明显洄游特性的瓦氏雅罗鱼出现在尼尔基水库上游监测点，而尼尔基水库以下未见其踪迹，黑斑狗鱼、鳡鱼、纵带鮠、青鳉、雷氏七鳃鳗、乌苏里鮠等鱼类也中只出现在尼尔基水库以上河段中。

7.3.5 社会服务功能

7.3.5.1 防洪指标

嫩江干流堤防长度 656.16km，其中河段Ⅱ堤防长度 15.88km，达到防洪设计标准长度 15.88km；河段Ⅲ堤防长度 41.58km，达到防洪设计标准长度 41.58km；河段Ⅳ堤防长度 127.24km，达到防洪设计标准堤防长度 127.24km；河段Ⅴ堤防长度 288.16km，达到防洪设计标准堤防长度 288.16km；河段Ⅵ堤防长度 99.41km，达到防洪设计标准堤防长度 99.41km；河段Ⅶ堤防长度 33.3km、达到防洪设计标准长度 33.3km；河段Ⅷ堤防长度 50.59km，达到防洪设计标准堤防长度公里 50.59km。计算出堤防工程达标率及赋分 100%、100 分。计算表明通过尼尔基水库调蓄后，嫩江干流堤防全部达到防洪设计标准，见表 7.6。

表 7.6　嫩江堤防工程统计

河段	行政区	堤防名称	岸别	堤防长度/km	防洪标准/年		达到防洪设计标准堤防长度/km
					现状	设计	
河段Ⅱ	嫩江市	联兴堤防	左	15.88	20	20	15.88
合计				15.88			15.88
河段Ⅲ	嫩江市	火龙口堤防	左	4.51	20	20	4.51
		墨鱼泡堤防	左	9.09	20	20	9.09
		长江堤防	左	7.11	20	20	7.11
		喇嘛河右回水堤堤防	左	3.01	20	20	3.01
		喇嘛河左回水堤堤防	左	3.01	50	50	3.01
		北大营堤防	左	3.77	20	20	3.77
		镇郊堤防	左	11.08	50	50	11.08
合计				41.58			41.58
河段Ⅳ	讷河市	二克浅堤防	左	17.2	50	50	17.2
		太和堤防	左	21.82	20	20	21.82
		拉哈堤防	左	15.97	20	20	15.97
		团结堤防	左	27.28	50	50	27.28
	甘南县	东阳堤防	右	34.09	20	20	34.09
		巨宝堤防	右	10.88	20	20	10.88
合计				127.24			127.24
河段Ⅴ	梅里斯区	莽格吐堤防	右	29.01	20	20	29.01
		额尔门沁堤防	右	3.22	20	20	3.22
		东卧牛吐堤防	右	12.63	20	20	12.63

续表

河段	行政区	堤防名称	岸别	堤防长度/km	防洪标准/年		达到防洪设计标准堤防长度/km
					现状	设计	
河段Ⅴ	梅里斯区	西卧牛吐堤防	右	7.45	20	20	7.45
		雅尔塞堤防	右	22.85	20	20	22.85
		梅里斯堤防	右	19.4	20	20	19.4
		梅里斯改线	右	31.1	20	20	31.1
	富拉尔基区	富拉尔基堤防	右	12.79	50	50	12.79
	富裕县	富裕牧场堤防	左	4.09	20	20	4.09
		讷富堤防	左	46.77	20	20	46.77
		塔哈河回水堤堤防	左	13.5	20	20	13.5
		齐富堤防	左	33.83	50	50	33.83
	齐齐哈尔市城区	齐市城西堤防	左	24.75	50	50	24.75
		齐市城南堤防	左	26.77	50	50	26.77
合计				288.16			288.16
河段Ⅵ	泰来县	泰来右岸堤防	右	21.94	35	35	21.94
		泰来农场两棵堤防	右	10.14	35	35	10.14
		特佰依堤防	左	12.51	35	35	12.51
		阿拉斯 1、2 堤防	左	20.27	50	50	20.27
		大山种羊场堤防	左	13.92	50	50	13.92
		拉海堤防	左	20.63	50	50	20.63
合计				99.41			99.41
河段Ⅶ	杜蒙县	绰六堤防	左	18.11	50	50	18.11
		官地堤防	左	1.71	50	50	1.71
		大排排堤防	左	2.25	35	35	2.25
		兴隆堤防	左	0.43	35	35	0.43
		立山堤防	左	10.8	50	50	10.8
合计				33.3			33.3
河段Ⅷ	肇源县	四合堤防	左	0.7	35	35	0.7
		西北岔上堤防	左	17.1	50	50	17.1
		西北岔下堤防	左	5.75	50	50	5.75
		老龙口堤防	左	1.19	35	35	1.19
		卧龙岱堤防	左	2.31	35	35	2.31
		肇源农场堤防	左	9.05	35	35	9.05

续表

河段	行政区	堤防名称	岸别	堤防长度/km	防洪标准/年		达到防洪设计标准堤防长度/km
					现状	设计	
河段Ⅷ	肇源县	胖头泡堤防	左	3.5	35	35	3.5
		勒勒营子堤防	左	1.61	50	50	1.61
		茂兴湖堤防	左	2.63	35	35	2.63
		养身地堤防	左	6.75	35	35	6.75
合计				50.59			50.59

7.3.5.2 公众满意度

本次调查采用随机抽样（普通社会群众）的方式，向受访者发出120份问卷，收回有效问卷110份。采集了公众对嫩江的防洪、岸线景观、水环境、水生态、亲水便民、管理等6个方面满意程度，其中河段Ⅰ、河段Ⅱ、河段Ⅲ、河段Ⅳ、河段Ⅴ、河段Ⅵ、河段Ⅶ、河段Ⅷ分别为10份、10份、15份、15份、20份、15份、15份、10份。计算出河段Ⅰ、河段Ⅱ、河段Ⅲ、河段Ⅳ、河段Ⅴ、河段Ⅵ、河段Ⅶ、河段Ⅷ公众满意度赋分为88分、92分、91分、93分、90分、91分、92分、87分。将各评价项目分数折算成百分制，堤防工程为97分、岸线景观为96分、水环境为96分、水生态为86分、亲水便民为82分、“四乱”清理后生态修复为80分，见文后彩图19。通过调查表明，公众不满意的重点在水生态和水环境方面，主要反映在：①13%的受访者认为近两年嫩江鱼类、水鸟数量明显增多，但与20年前鱼类、水鸟数量相比依然有差距；②20%的受访者认为嫩江的水环境不够理想，水质总体有所好转，但部分岸线生活垃圾清理不及时，岸边水域时有绿色泡沫，河面上不时有漂浮垃圾；③17%的受访者反映嫩江沿岸大型景区、公园少，且规模小，公园之间的连通性差，与整治并发展为优质河流的治理理念不相宜，适宜娱乐休闲活动的程度一般，缺少水文化宣传；④7%的受访者认为嫩江岸边安全警示设置不到位，或者不明显，有潜在风险。

7.3.5.3 入河排污口规范化建设率

嫩江干流有209个入河排污口，有5处排入河排污口不直接入嫩江，参与评价的有204处，其中河段Ⅰ入河排污口0处、河段Ⅱ有11处、河段Ⅲ有13处、河段Ⅳ有6处、河段Ⅴ有132处、河段Ⅵ有29处、河段Ⅶ有5处、河段Ⅷ有8处。嫩江干流入河排污口均完成了规范化建设，计算得出嫩江各评价河段入河排污口规范化建设率赋分均为100分。

7.3.5.4 取水口规范化管理率

河段Ⅲ取水口3个（规范化管理的取水口有2个），河段Ⅳ取水口2个（规范化管理的取水口有2个），河段Ⅴ取水口27个（规范化管理的取水口有25

个），河段Ⅵ取水口50个（规范化管理的取水口有5个），河段Ⅶ取水口3个（规范化管理的取水口有3个），河段Ⅷ取水口10个（规范化管理的取水口有7个），见表7.7。计算得出河段Ⅲ、河段Ⅳ、河段Ⅴ、河段Ⅵ、河段Ⅶ、河段Ⅷ的取水口规范化程度和赋分分别为67%、67分，100%、100分，93%、93分，10%、10分，100%、100分，70%、70分。结果表明，嫩江干流泰来县的取水口存在管理不规范现象。

表7.7　嫩江干流取水口规范化管理情况

河段	行政区	取水口名称	取水许可（有/无）	按审批水量范围取水（是/否）	安装监测计量设施（是/否）	监测计量设施正常运行（是/否）
河段Ⅲ	嫩江市	黑龙江多宝山铜（钼）矿取水口	有	是	是	是
		嫩江市前嫩灌区	有	是	否	—
		嫩江市嫩江镇给水工程取水口	有	是	是	是
河段Ⅳ	讷河市	黑龙江省引嫩工程取水口	有	是	是	是
		讷河市尼尔基水库下游直供灌区改扩建工程取水口	有	是	是	是
河段Ⅴ	富拉尔基区	富拉尔基区红岸灌区取水口	有	是	是	是
		华电能源股份有限公司富拉尔基发电厂取水口	有	是	是	是
		华电能源股份有限公司富拉尔基热电厂“上大压小”改扩建工程取水口	有	是	是	是
		中国第一重型机械集团公司江岸泵站取水口	有	是	是	是
	昂昂溪区	昂昂溪区大昂灌区3号泵站取水口	有	是	是	是
		昂昂溪区大昂灌区1号泵站取水口	有	是	是	是
		昂昂溪区大昂灌区2号泵站取水口	有	是	是	是
	龙沙区	明星灌区1号泵站取水口	无	—	否	—
		泰瑞灌区提水取水口	无	—	否	—
	建华区	黑龙江中部引嫩工程、无坝取水道、黄渔滩	有	是	是	是
		浏园水厂取水口	有	是	是	是
		联合灌区	有	是	是	是

续表

河段	行政区	取水口名称	取水许可（有/无）	按审批水量范围取水（是/否）	安装监测计量设施（是/否）	监测计量设施正常运行（是/否）
河段Ⅴ	梅里斯达斡尔族区	化木泵站取水口	有	是	是	是
		齐齐哈泵站取水口	有	是	是	是
		鲜明泵站取水口	有	是	是	是
		雅尔塞泵站取水口	有	是	是	是
		音钦泵站取水口	有	是	是	是
		西卧泵站取水口	有	是	是	是
		二号泵站取水口	有	是	是	是
		额尔门沁西泵站取水口	有	是	是	是
		阿伦河灌区取水口	有	是	是	是
		邮电农场泵站取水口	有	是	是	是
		郊区农场泵站取水口	有	是	是	是
		铁路公安处泵站取水口	有	是	是	是
		龙沙泵站取水口	有	是	是	是
		莽格吐泵站取水口	有	是	是	是
	富裕县	黑龙江省中部引嫩工程取水口	有	是	是	是
河段Ⅵ	大山种羊场	大山种羊场赵岐泵站取水口	有	是	是	是
	杜尔伯特蒙古族自治县	绰尔屯灌区取水口	有	是	否	—
		太和灌区取水口	有	是	否	—
		拉海灌区取水口	有	是	否	—
	泰来农场	泰来农场灌区取水口	有	是	是	是
	泰来县	泰来县胜利乡老局子灌区半拉山泵站取水口	有	是	否	—
		江桥镇临江村取水口	无	—	否	—
		宁姜乡开发区邢进泵站取水口	无	—	否	—
		大兴镇阿拉新村东兴2号泵站取水口	无	—	否	—
		大兴镇东兴灌区取水口	有	是	否	—
		大兴镇新风村良种场马军泵站取水口	否	—	否	—
		大兴镇新风村良种场马军二号泵站取水口	无	—	否	—
		黑龙江省泰来县抗旱灌溉引水工程取水口	有	是	否	—

续表

河段	行政区	取水口名称	取水许可（有/无）	按审批水量范围取水（是/否）	安装监测计量设施（是/否）	监测计量设施正常运行（是/否）
河段Ⅵ	泰来县	大兴镇东方红村徐晓东泵站取水口	无	—	否	—
		大兴镇东方红村韩海涛泵站取水口	无	—	否	—
		大兴镇托力河张恩玺泵站取水口	无	—	否	—
		大兴镇东方红村赵礼刚泵站取水口	无	—	否	—
		大兴镇东方红村南安国斌泵站取水口	无	—	否	—
		大兴镇青岗村李晶兰泵站取水口	无	—	否	—
		大兴镇依布气村富强泵站取水口	无	—	否	—
		大兴镇依布气村王慧泵站取水口	无	—	否	—
		大兴镇东方红村南山柴智强泵站取水口	无	—	否	—
		大兴镇东方红村高德明泵站取水口	无	—	否	—
		大兴镇东方红曙光村刘杨泵站取水口	无	—	否	—
		大兴镇依布村孙天宇泵站取水口	有	是	否	—
		大兴镇东方红村赵福河泵站取水口	无	—	否	—
		大兴镇托力河翁海藏运刚泵站取水口	无	—	否	—
		大兴镇托力河付振华泵站取水口	无	—	否	—
		大兴镇托力河村安东生泵站取水口	无	—	否	—
		大兴镇东方红村3号取水口（管权）	无	—	否	—
		大兴镇托力河北韩世龙泵站取水口6	无	—	否	—
		大兴镇东方红村刘相军泵站取水口	无	—	否	—
		大兴镇创业村巨拉可赵福河泵站取水口	有	是	否	—

续表

河段	行政区	取水口名称	取水许可（有/无）	按审批水量范围取水（是/否）	安装监测计量设施（是/否）	监测计量设施正常运行（是/否）
河段Ⅵ	泰来县	汤池镇鑫丰源泵站取水口	无	—	否	—
		汤池镇合兴村长滩张建德泵站取水口	无	—	否	—
		大兴镇东方红村西曲守奎泵站取水口	无	—	否	—
		大兴镇托力河村北藏运田泵站取水口	无	—	否	—
		大兴镇创业村北青岗西口王长友泵站取水口	无	—	否	—
		大兴镇青岗泵站取水口	有	是	否	—
		大兴镇青岗村李文启泵站取水口	无	—	否	—
		大兴镇托力河马营子刘艳泵站取水口	无	—	否	—
		汤池镇佰大街村大赉盖明阳泵站取水口	无	—	否	—
		汤池镇佰大街村一棵树泵站取水口	有	是	否	—
		汤池镇田华泵站取水口	有	是	否	—
		汤池镇四间房灌区取水口	有	是	否	—
		泰来县宏胜水库取水口	有	是	否	—
		大兴镇东方红村一马车柴智强泵站取水口	无	—	否	—
		大兴镇创业村三棵树柴智军泵站取水口	无	—	否	—
		泰来县宁姜灌区取水口	有	是	否	—
		宁姜乡光荣村泵站灌区取水口	无	—	否	—
河段Ⅶ	杜尔伯特蒙古族自治县	巴尔等灌区取水口	有	是	否	—
		小河口灌区取水口	有	是	否	—
		南部引嫩工程取水口	有	是	否	—
		喇嘛寺引嫩工程取水口	无	—	否	—
河段Ⅷ	肇源县	靠山排灌站取水口	有	是	是	是
		肇农排灌站取水口	有	是	是	是

续表

河段	行政区	取水口名称	取水许可（有/无）	按审批水量范围取水（是/否）	安装监测计量设施（是/否）	监测计量设施正常运行（是/否）
河段Ⅷ	肇源县	巴彦蒙古族村股份经济合作社取水口	有	是	否	—
		肇源县城市供水水源地取水口	有	是	是	是
		大庙浮船站取水口	无	—	否	—
		白金宝排灌站取水口	无	—	是	是
		民意排灌站取水口	有	是	是	是
		四合排灌站取水口	有	是	是	是
		立陡山排灌站取水口	有	是	是	是
	肇源农场	肇源农场灌溉站取水口	有	是	是	是

7.3.6 评价结果

对嫩江的 5 个准则层 11 个评价指标进行逐级加权、综合赋分，结合河段赋分结果，计算得出嫩江健康评价综合赋分 83 分，处于健康状态。11 项评价指标中：非常健康指标 4 项、占 36%，健康指标 6 项、占 55%，亚健康指标 1 项、占 9%。5 个准则层中：非常健康准则层 2 个、占 40%，健康准则层 3 个、占 60%，见表 7.8、图 7.4。

表 7.8　嫩江健康评价赋分

目标层	准则层	指标层	指标层赋分	准则层赋分	河流健康赋分
河流健康	水文水资源	生态流量满足程度	100	96	83
		河流纵向连通指数	91		
	物理结构	岸带状况	76	75	
		天然湿地保留率	73		
	水质	水质优劣程度	76	76	
	水生生物	大型底栖无脊椎动物生物完整性指数	59	70	
		鱼类保有指数	80		
	社会服务功能	堤防工程达标率	100	93	
		公众满意度	89		
		入河排污口规范化建设率	100		
		取水口规范化管理率	83		

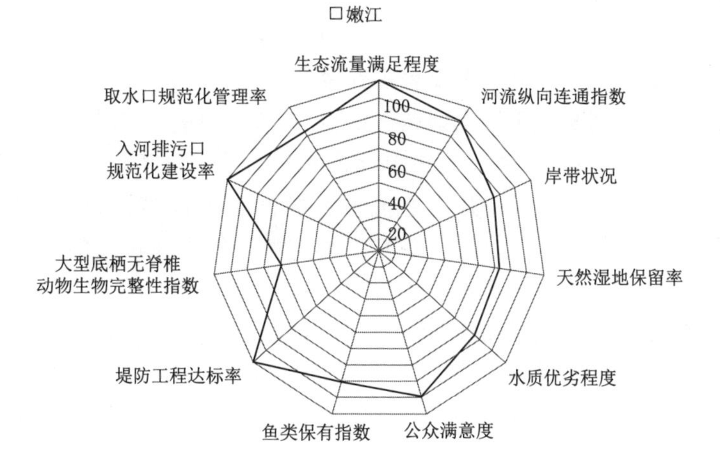

(a) 健康评价指标层赋分雷达

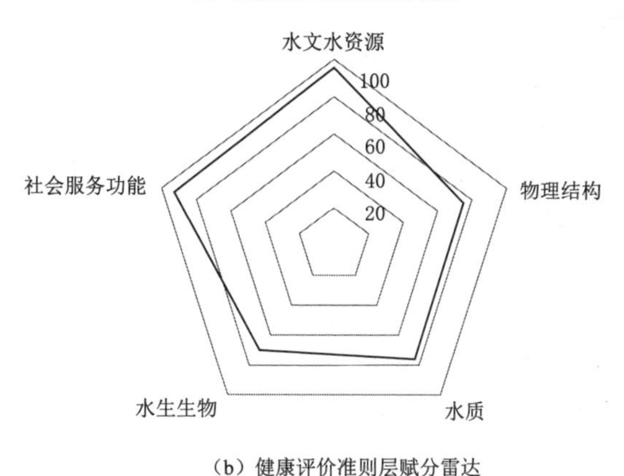

(b) 健康评价准则层赋分雷达

图 7.4 嫩江健康评价赋分

7.4 河流健康整体特征

7.4.1 水土流失

嫩江流域水土流失面积 30804km²，占流域面积的 29.9%，其中讷河市、嫩江市、龙江县、肇源县、杜蒙县水土流失面积占嫩江流域水土流失面积的 79%。水土流失以轻度水力侵蚀为主，且主要集中在小于 2°和 2°～6°的坡耕地，其中水土流失面积分别占水土流失总面积的 49%、44%。在水土流失过程中，表层土壤携带营养物质以泥沙形式进入水体，是水体高锰酸盐指数等指标超标的主要原因。

7.4.2 生物多样性受损

嫩江水文形态改变、水文情势变化、水功能区污染物浓度高等因素，导致了嫩江水生生物多样性受损，主要表现在两个方面：

（1）鱼类资源衰败。通过现场调查数据与1985年历史数据对比，嫩江鱼类种类减少11种，达16%左右。尼尔基水库大坝未修建过鱼设施，阻隔鱼类的洄游，嫩江干流在1—3月、12月生态流量不能满足瓦氏雅罗鱼、黑斑狗鱼、鳜鱼、纵带鮠、青鳉、雷氏七鳃鳗、乌苏里鮠等嫩江代表性鱼类的生态流量需求，此外具有明显洄游特性的瓦氏雅罗鱼在尼尔基水库以下未见其踪迹。

（2）大型底栖无脊椎动物空间分布差异较大。嫩江市下游段—泰来县段，类群相对完整，其中杜蒙段、肇源段水体为Ⅳ类水体（嫩江黑吉缓冲区），河段长度206km，耐污能力极强的类群占比26%，未发现襀翅目、蜉蝣目等反映水体清洁的敏感类群。

7.4.3 湿地萎缩

嫩江干流有水力联系的湿地面积由1989年的10656km^{2}下降到2020年的8858km^2，其中大兴安岭地区松岭区、黑河市呼玛县、齐齐哈尔市嫩江段有水力联系的湿地面积由1987年的663km^{2}下降到2020年的415km^2，萎缩了38%。

7.4.4 水环境质量不稳定

2020年嫩江水功能区水质达标率为79%，低于国家的年度考核目标80%。齐齐哈尔市讷河市、黑河市嫩江市嫩江尼尔基水库调水水源保护区进行10次月评价，9次不合格，均为高锰酸盐指数超标；齐齐哈尔市建华区、梅里斯区嫩江中部引嫩过渡区的水质达标率为0，高锰酸盐指数在11次评价中有10次超标，在10月达到最差（Ⅳ类），氨氮在3—5月、7月、9月、11—12月均超标（Ⅳ类）；大庆市杜蒙县、肇源县段嫩江黑吉缓冲区的水质达标率为58%，1月、5—6月、9—10月的高锰酸盐指数均超标（Ⅳ类）。水质达标率低主要表现在两个方面：

（1）水体自净能力不足。由于尼尔基水库防洪调蓄作用改变了嫩江水文形态和水文情势，污染物聚集在库区，库区水位深、流速慢，水动力条件相对变差，是导致嫩江尼尔基水库调水水源保护区高锰酸盐指数达不到水质目标（Ⅱ类）的主要原因；齐齐哈尔市建华区、梅里斯区的嫩江中部引嫩过渡区内有一座江心岛（明月岛），面积约7.6km^2，干流在江心岛处分权、转弯、汇流，长度仅有5.71km，维持水体自净能力的水动力条件差、水量分散，是导致嫩江中部引嫩过渡区高锰酸盐指数达不到水质目标（Ⅱ类）的主要原因。

（2）有境外支流汇入。白沙滩国控监测断面水质类别为Ⅲ类，但白沙滩断面下游只有2条吉林省汇入嫩江的支流（洮儿河、呼尔达河），其余均有境外支流汇入，导致嫩江口内国控监测断面水质类别降至Ⅳ类。

7.4.5 取水口、入河排污口管理不规范

（1）取水口管理存在无取水许可取水、无监测计量设施等不规范行为，不符合《取水许可管理办法》（2017年）和《水资源管理监督检查办法（试行）》（2019年）的规定，嫩江干流取水口共计96处，发放取水许可并且按审批水量和范围取水的有56处，占总数的58.3%，安装监测计量设施的39处，占总数的40.6%。

（2）入河排污口管理存在无排污许可、无监测计量设施、未设立标志牌的问题，不符合《排污口许可管理条例》（2015年）的规定。嫩江干流入河排污口共计26处中，富拉尔基区段有4处未按规范化管理要求开展监测、未设立标志牌，7处无排污许可、未按规范化管理要求开展监测、未设立标志牌；富裕县段有1处未按规范化管理要求开展监测、未设立标志牌；龙沙区段有1处无排污许可、未设立标志牌。

第8章 讷谟尔河健康评价

8.1 河流概况

8.1.1 自然状况

讷谟尔河位于黑龙江省西部，是嫩江中游左岸的一级支流，流域面积13740km^2。发源于小兴安岭西南麓北安市卫东林场附近，自发源地从东南向西北穿过讷谟尔山口后转向西，流经北安市、五大连池市、克山县，于讷河市西南约39.6km处汇入嫩江，是嫩江中游左侧的主要支流，干流全长498km。

流域内地势东高西低，自北安农场向五大连池逐渐倾斜。流域内地貌主要是低山河谷和丘陵漫岗。讷谟尔河上游为低山区，高度一般在280m以上，以五大连池附近的格球山为最高，海拔693m。流域形状狭长，干流地面比降为0.11%左右，属小兴安岭的余脉部分，为山岭连绵的高山地带，支流众多，流域坡度大，植被良好，以针阔叶混杂林为主，土壤分布有火山土、黄砂土和红砂土。山口水库以下进入中游，地形逐步过渡为丘陵、漫岗和平原。河道平均比降1/880，中下游河道蜿蜒曲折，河谷逐渐开阔，8～10km左右，右岸石龙河一带火山发育是著名的五大连池所在地，高出地面100～300m。讷谟尔河下游滩地分布有轻壤土、沼泽土等，现主要为农田。

讷谟尔河流域属中温带大陆性气候区，受太平洋季风的影响和西伯利亚高压所控制，夏季温热多雨，冬季严寒干燥，河流封冻期长达半年之久。

据德都气象站实测资料统计，多年平均气温为0℃，极端最高气温可达38.2℃，极端最低气温可达－42.0℃。冬季多为西北风，夏季多为东南风，多年平均风速为3.5m/s，历年最大风速达19.0m/s，相应风向为SW，最大冻土深度2.47m。

山口水文站多年平均降水量为581.3mm。降水量年际变化较大，最大年降水量为731.7mm，最小年降水量为405.2mm。降水量的年内分配不均匀，多集中在6—9月，约占年降水量的76%，11月至次年3月降水量较少，仅占年降水量的6%。

山口水文站实测的多年平均蒸发量为980.5mm（20cm蒸发皿），年最大蒸发量为1393.2mm，最小蒸发量为784.6mm。

讷谟尔河属山区半山区河流，流域地形多变，河道复杂，整个河流大致分为上、中、下三段。山口以上为上游，河谷狭长，水流湍急，穿行于山岭相连的小兴安岭西麓，植被良好，针阔混交林连绵不断，冬季白雪皑皑，夏季绿树荫翳；讷谟尔山口—讷河市为中游，流经山地丘陵过渡地带，二龙山农场附近河谷宽约1.5km，土泥浅水文站处，高水位时，最大水面宽3.0km，最大水深5m，两岸山清水秀，沃野平畴，支流众多，水资源丰富；讷河市—河口段为下游，流入广阔的平原地带，主流靠右岸，冲刷严重。讷谟尔河为山溪性河流，每年11月上旬至次年4月中旬为结冰期。

讷谟尔河支流分布较密，右岸分别有二道河、引龙河、石龙河、老莱河等支流汇入；左岸分别有王老好河、长水河、温查尔河等支流汇入。

8.1.2 生态环境状况

8.1.2.1 水文水资源及开发利用状况

根据《黑龙江省水资源综合规划水资源调查评价成果》，讷谟尔河多年平均地表水资源量为15.36亿m^3，折合径流深112mm。其中，黑河境内多年平均地表水资源量为12.90亿m^3，占流域地表水资源量的84.1%；齐齐哈尔市多年平均地表水资源量为2.30亿m^3，占流域地表水资源量的14.8%，绥化市多年平均地表水资源量为0.16亿m^3，占流域地表水资源量的1.0%。

讷谟尔河地下水资源与地表水资源的分布规律基本一致，多年平均地下水资源量为8.58亿m^3。

2016年黑龙江省政府批复《讷谟尔河流域水量分配方案》，在满足生态环境用水的基础上，统筹考虑讷谟尔河各行业合理发展，在实现水资源开发利用与经济社会发展和生态环境保护相互协调的情况下，讷谟尔河2021年分配水量为6.78亿m^3，其中地下水2.02亿m^3，地表水4.75亿m^3；讷谟尔河2030年分配水量为7.10亿m^3，其中地下水2.07亿m^3，地表水5.02亿m^3，讷谟尔河流域水资源量见表8.1。

表8.1　讷谟尔河流域水资源量

地市	面积/km^2		多年平均水资源量/亿m^3			
	总面积	平原区	地表水资源量	地下水资源量	水资源总量	地下水可开采量
黑河市	9884	3780	12.90	5.85	16.23	2.63
齐齐哈尔市	3780	5528	2.30	2.69	4.62	2.24
绥化市	76		0.16	0.04	0.16	
合计	13740	9308	15.36	8.58	21.01	4.87

8.1.2.2 水质状况

根据《全国重要江河湖泊水功能区划（2011—2030年）》，讷谟尔河干流有一级水功能区3个、二级水功能区4个，见表8.2。

表8.2 讷谟尔河水功能区划分

一级水功能区名称	二级水功能区名称	起始断面	终止断面	长度/km	水质目标
讷谟尔河五大连池市保留区		山河水文站	沾河林业局	118.5	Ⅲ
讷谟尔河五大连池市开发利用区	讷谟尔河五大连池市农业、工业用水区	沾河林业局	青山桥上300m	46.8	Ⅱ～Ⅲ
	讷谟尔河五大连池市排污控制区	青山桥上300m	青山桥上1km	1.3	
	讷谟尔河五大连池市过渡区	青山桥上1km	永发村	20.1	Ⅳ
讷谟尔河讷河市开发利用区	讷谟尔河讷河市农业用水区	永发村	嫩江入河口	185.0	Ⅲ

8.1.2.3 水生生物状况

经查阅资料及咨询专家后确认，讷谟尔河历史鱼类有6目11科40种鱼类。

8.1.2.4 自然保护区

讷谟尔河干流沿线分布2处省级自然保护区，分别是黑龙江山口省级自然保护区和黑龙江讷谟尔河湿地自然保护区，详见表8.3。

表8.3 讷谟尔河干流沿线自然保护区统计表

保护区名称	保护区级别	批准年份	所在地	主管部门	保护面积/hm^2
黑龙江山口省级自然保护区	省级	2002	五大连池市	林业	99489.9
黑龙江讷谟尔河湿地自然保护区	省级	2007	讷河市	林业	56304

黑龙江山口省级自然保护区位于五大连池市境内，处于嫩江一级支流讷谟尔河上游发源地，其源头位置在小兴安岭西坡余脉向松嫩平原延伸的高海拔山涧沟谷盆地地带。自然保护区西距五大连池市中心的青山镇约59km，距黑河—北安铁路二龙山火车站20km，距黑北202国道22km。西南方向距北安市57km，北、西北与三九六林场接壤，东靠沾河林业局木沟林场，西南与长水河农场的7分场、11分场和17分场相接。山口自然保护区座落于讷谟尔河上游河流的主要支流（由北向西顺时针排列顺序）土鲁木河、二更河、木沟河、南北河和老道营等五条河流集水面积的范围内，保护区总面积为99489.9hm^2，核心区面积40710.0hm^2，缓冲区面积为29135.7hm^2，实验区面积29644.2hm^2。山口自然保护区的山皆包围湖水四周，整个地势北高南低，东高西低。东西两部

湖水补水的支流两岸沼泽化明显，河流谷底两岸沼泽发育。保护区的植物区系组成虽不复杂，但也不乏古老原始的成分。区内除分布有第三纪孑遗植物红松、水曲柳、黄檗、胡桃楸以外，再加以林内的藤本植物，如山葡萄、五味子、狗枣猕猴桃，使保护区的温带针阔混交林具有亚热带景色，同时还伴生有一些"欧亚针叶林区"的寒温带树种，如鱼鳞云杉、红皮云杉、臭冷杉等，还有大量冰期残遗植物，如毛茛科等古老的孑遗种属发育。由于保护区境内为讷谟尔河上游发源地，山地植被保存良好，人烟稀少，山涧溪流清澈洁净，为山地动物提供了良好的栖息环境，特别是溪流洞栖鸟类如中华秋沙鸭以及许多岸栖之鹬，对于国家二级保护动物水獭来说是极好的避难所。此外，山口水库是我国纬度最高的大型水库，为珍贵的冷水性鱼类过冬保种提供了条件，对于我国某些特殊珍贵动物资源的保护具有特殊的地位。

黑龙江讷谟尔河湿地自然保护区位于黑龙江省讷河市中部，北与二克浅镇、讷河镇、孔国乡、龙河镇为邻；东与五大连池市接壤；南邻六和镇、长发镇、讷南镇、九井镇和克山县，西与内蒙古自治区隔江相望。讷谟尔河湿地是松嫩平原的重要组成部分，为冲击低平原湿地，地处黑龙江省西部，嫩江中游沿岸，为嫩江重要支流。讷谟尔河湿地处于嫩江东岸，包括了河流、灌丛、泡沼湖泊、沼泽草甸及农田等各种不同的自然生境类型，蕴藏着丰富的野生生物资源。讷谟尔河湿地保护区有鱼类 58 种，隶属于 6 目 10 科。其中，种类最多的为鲤科鱼类，有 44 种，占鱼类种数的 75.8%；鳅科有 3 种；鲿科有 2 种；狗鱼科、鳢科、塘鳢科、鳕科、鮨科各 1 种。讷谟尔河自然保护区是松嫩平原北端仅存的面积最大、保存完整的一块湿地，也是东北地区保留最完整的淡水生态系统。保护区总面积为 $56304hm^2$，其中核心区面积为 $19331hm^2$，缓冲区面积为 $8409hm^2$，实验区面积为 $28564hm^2$。保护区横贯讷河市，是讷谟尔河沿岸和嫩江汇流后形成的地湿地复合体。其保护对象是以陆栖生物及其生境共同形成的湿地与水域生态系统，包括中华秋莎鸭、灰鹤、环颈雉等。

8.1.3 水利工程概况

8.1.3.1 水库工程

讷谟尔河干流现有水库 1 座，即山口水库，位于讷谟尔河干流中上游，坝址以上集水面积 $3745km^2$，始建于 1995 年，2001 年投入运行，是一座以发电为主兼顾防洪、灌溉、养鱼等综合利用的大（2）型水利枢纽。水库总库容为 9.95 亿 m^3，兴利库容 4.3 亿 m^3，坝长 763.84m，最大坝高 35.7m。水库 500 年一遇洪水设计，2000 年一遇洪水校核，年发电量 4200 万 kW·h。山口水库特征值见表 8.4。

表 8.4　山口水库特征值

水库名称	所在河流	集水面积/km²	正常蓄水位/m	总库容/亿 m³	灌溉面积/万亩	装机容量/kW
山口水库	讷谟尔河	3745	313.00	9.95	40	30000

8.1.3.2 堤防工程

讷谟尔河干流堤防工程特性详见表 8.5。

表 8.5　讷谟尔河干流堤防工程特性表

河段	行政区	堤防名称	岸别	长度/km	防洪标准/年		达到防洪设计标准堤防长度/km
					规划	现状	
河段Ⅱ	五大连池市	龙镇一堤	右	11.5	20	10	0
	五大连池市	讷谟尔村堤防	右	4.77	20	10	0
合计				16.27			0
河段Ⅲ	五大连池市	永丰堤	左	6.315	30	30	6.315
	五大连池市	永丰堤	左	10.245	30	10	0
	五大连池市	青山堤	右	3.88	50	50	3.88
	五大连池市	建设堤	左	12.163	20	20	12.163
	五大连池市	双泉堤防	右	5.59	20	5	0
	五大连池市	三永堤防	右	4.78	20	10	0
	五大连池市	和平堤	左	7.5	20	5	0
	五大连池市	和平 3 堤	左	1.7	20	5	0
	五大连池市	东升堤防	右	1.375	20	5	0
	五大连池市	和平 2 堤	左	4.4	20	5	0
合计				57.948			22.358
河段Ⅴ	讷河市	铁路上游北堤	右	9.29	50	10	0
	讷河市	铁路下游北堤	右	5.54	20	10	0
合计				14.83			0

8.1.3.3 护岸工程

河岸防护工程 10.29km，主要位于五大连池市区及讷河市段，其中五大连池河岸防护 3.38km，讷河市段河岸防护 6.91km，主要形式为干砌石、雷诺和格宾石笼。讷谟尔河干流段护岸工程特性详见表 8.6。

表 8.6　讷谟尔河干流段护岸工程特性表

所在县（市、区）	岸别	护岸长度/km	结构型式
五大连池市	左	3.38	干砌石、雷诺
讷河市二克浅镇	左	4.02	格宾石笼
讷河市市区	右	2.89	干砌石

8.1.3.4 灌区工程

讷谟尔河沿线灌区大部分建于20世纪50—60年代，主要分布在山口水库—河口河段的河道两岸，设计灌溉面积70.7万亩，现状灌溉面积39.5万亩，其中水田面积35.1万亩，旱田面积4.4万亩。从上游至下游分别为西大洼灌区、跃进灌区、建设灌区、石龙灌区、永丰灌区、三永灌区、和平灌区、友谊灌区、北兴灌区、九井灌区、讷南灌区、全胜灌区、太和灌区、红旗灌区，见表8.7。

表8.7　讷谟尔河干流段灌区工程特性表　　单位：万亩

<table>
<tr><th rowspan="2">序号</th><th rowspan="2">所在县（市、区）</th><th rowspan="2">灌区名称</th><th rowspan="2">水源名称</th><th colspan="2">设计灌溉面积</th><th colspan="2">现状灌溉面积</th><th rowspan="2">管理单位</th></tr>
<tr><th>水田</th><th>旱田</th><th>水田</th><th>旱田</th></tr>
<tr><td>1</td><td>龙镇农场</td><td>西大洼灌区</td><td>讷谟尔河</td><td>2.50</td><td>—</td><td>0.55</td><td>—</td><td>龙镇农场水务局</td></tr>
<tr><td>2</td><td>二龙山农场</td><td>跃进灌区</td><td>跃进水库</td><td>0.10</td><td>6.8</td><td>0.03</td><td>4.4</td><td>二龙山农场</td></tr>
<tr><td>3</td><td rowspan="5">五大连池市</td><td>建设灌区</td><td>建设拦河坝</td><td>1.50</td><td>1.0</td><td>1.40</td><td>—</td><td>建设乡水利站</td></tr>
<tr><td>4</td><td>石龙灌区</td><td></td><td>2.00</td><td>1.0</td><td>1.38</td><td>—</td><td>双泉镇水利站</td></tr>
<tr><td>5</td><td>永丰灌区</td><td>永丰渠首</td><td>2.20</td><td>—</td><td>2.00</td><td>—</td><td>永丰农场</td></tr>
<tr><td>6</td><td>三永灌区</td><td>跃进水库、永远水库</td><td>1.50</td><td>1.0</td><td>2.48</td><td>—</td><td>团结镇水利站</td></tr>
<tr><td>7</td><td>和平灌区</td><td>老山头拦河坝（卫星）</td><td>2.00</td><td>1.0</td><td>2.20</td><td>—</td><td>和平镇水利站</td></tr>
<tr><td>8</td><td rowspan="2">克山县</td><td>友谊灌区</td><td>卫星运河</td><td>2.43</td><td></td><td>1.47</td><td>—</td><td>北兴镇水利站</td></tr>
<tr><td>9</td><td>北兴灌区</td><td>卫星运河</td><td>5.31</td><td></td><td>3.22</td><td>—</td><td>北兴镇水利站</td></tr>
<tr><td rowspan="3">10</td><td rowspan="7">讷河市</td><td rowspan="3">九井灌区</td><td>头道坝取水口</td><td rowspan="3">11.03</td><td rowspan="3">—</td><td rowspan="3">3.60</td><td rowspan="3">—</td><td>讷河市水务局</td></tr>
<tr><td>狗脑泡取水口</td><td></td></tr>
<tr><td>卫星运河取水口</td><td></td></tr>
<tr><td>11</td><td>讷南灌区</td><td rowspan="2">讷全渠首</td><td>4.50</td><td>—</td><td>2.85</td><td>—</td><td>讷河市水务局</td></tr>
<tr><td>12</td><td>全胜灌区</td><td>6.00</td><td>—</td><td>1.80</td><td>—</td><td>讷河市水务局</td></tr>
<tr><td>13</td><td>太和灌区</td><td rowspan="2">红太渠首</td><td>8.70</td><td>—</td><td>6.70</td><td>—</td><td>讷河市水务局</td></tr>
<tr><td>14</td><td>红旗灌区</td><td>10.14</td><td>—</td><td>5.41</td><td>—</td><td>讷河市水务局</td></tr>
<tr><td colspan="4">合计</td><td>59.90</td><td>10.8</td><td>35.10</td><td>4.4</td><td></td></tr>
</table>

8.2 评价河段划分

通过综合考虑了地形地貌、行政区划、流域经济社会发展特征等因素，将讷谟尔河评价河段划分为河段Ⅰ、河段Ⅱ、河段Ⅲ、河段Ⅳ、河段Ⅴ。讷谟尔河健康评价河段划分见表 8.8。

表 8.8 讷谟尔河健康评价河段划分

评价河段	起 点	终 点	长度/km	长度占比/%
河段Ⅰ	讷谟尔河河源	山口水库库尾	165	0.366
河段Ⅱ	山口水库库尾	引龙河入讷谟尔河河口	72	0.159
河段Ⅲ	引龙河入讷谟尔河河口	讷谟尔河左岸黑河市北安市与齐齐哈尔市克山县交界	76	0.168
河段Ⅳ	讷谟尔河左岸黑河市北安市与齐齐哈尔市克山县交界	讷谟尔河左岸齐齐哈尔市克山县与讷河市交界	29	0.064
河段Ⅴ	讷谟尔河左岸齐齐哈尔市克山县与讷河市交界	讷谟尔河入嫩江河口	110	0.243

8.3 河流健康评价

8.3.1 水文水资源

8.3.1.1 生态流量满足程度

讷谟尔河上有 6 座水文站，其中有 2 座水文站监测的数据能够反应河道内水文变化情况，分别是德都站、讷河（二）站。

2020 年 10 月，黑龙江省水利厅组织编制了《讷谟尔河生态流量保障实施方案》，明确了德都站、讷河（二）站不同时期的生态目标值。评价河段、采用的水文站及对应的生态流量目标值见 8.9。

表 8.9 评价河段、采用的水文站及对应的生态流量目标值

评价河段	水文站名称	水文站控制流域面积/km^2	生态流量目标/(m^3/s)		
			汛期（6—9 月）	非汛期（4—5 月、10—11 月）	冰冻期（12 月至次年 3 月）
河段Ⅰ	德都站	7200	6.35	1.51	来多少泄多少
河段Ⅱ	德都站	7200	6.35	1.51	来多少泄多少
河段Ⅲ	德都站	7200	6.35	1.51	来多少泄多少
河段Ⅳ	讷河（二）站	13196	8.32	1.99	来多少泄多少
河段Ⅴ	讷河（二）站	13196	8.32	1.99	来多少泄多少

计算得出讷谟尔河河段Ⅰ～河段Ⅴ生态流量满足程度和赋分均为 100%、100 分。

8.3.1.2 河流纵向连通指数

讷谟尔河干流有7座影响河流连通的拦河闸（坝）。按照评价河段划分，河段Ⅰ无拦河坝。河段Ⅱ有2座拦河坝，分别是山口水库大坝和西大洼灌区拦河坝。河段Ⅲ有4座拦河坝，分别是永丰溢流坝、城区拦河闸坝、建设灌区拦河坝、老山头溢流坝。河段Ⅳ无拦河坝。河段Ⅴ有1座铁路下游拦河闸坝。因此，讷谟尔河干流影响河段Ⅰ连通的建筑物或设施0个，影响河段Ⅱ连通的建筑物或设施2个，影响河段Ⅲ连通的建筑物或设施4个，影响河段Ⅳ连通的建筑物或设施0个，影响河段Ⅴ连通的建筑物或设施1个。

计算得出，河流纵向连通指数为：河段Ⅰ～河段Ⅴ分别为0个/100km、2.56个/100km、4.86个/100km、0个/100km、0.84个/100km。河段Ⅰ、河段Ⅱ、河段Ⅲ、河段Ⅳ、河段Ⅴ赋分分别为100分、0分、0分、100分、26.4分。

8.3.2 物理结构

8.3.2.1 岸带状况

岸带状况指标包含岸坡稳定性和岸带植被覆盖度两个评价因子，赋分权重分别为0.4和0.6，岸坡稳定性用岸坡已经发生或潜在发生的侵蚀现状评价，计算得出河段Ⅰ、河段Ⅱ、河段Ⅲ、河段Ⅳ、河段Ⅴ的岸带状况赋分分别为76分、68分、80分、78分、72分，见表8.10～表8.11。

表8.10 讷谟尔河监测点岸带记录

评价河段	监测点	监测断面	岸别	岸坡倾角/(°)	岸坡植被覆盖度/%	基质特征	冲刷强度	岸坡高度/m
河段Ⅰ	监测点1	DT0101	左	45	50	基岩	无	1.0
		DT0102	左	44	75	基岩	无	1.0
		DT0103	左	31	0	基岩	无	0.6
		DT0104	左	25	50	基岩	无	0.5
		DT0105	左	26	100	砂石	轻度	0.6
		DT0106	左	31	100	砂石	轻度	0.6
		DT0107	左	19	100	砂石	轻度	0.4
		DT0108	左	37	100	砂石	轻度	0.5
		DT0109	左	23	100	砂石	轻度	0.4
		DT0110	左	25	100	砂石	轻度	0.5
		DT0111	左	31	100	砂石	轻度	0.7
		DT0101	右	21	0	黏土	中度	0.5
		DT0102	右	31	0	黏土	中度	0.7

续表

评价河段	监测点	监测断面	岸别	岸坡倾角/(°)	岸坡植被覆盖度/%	基质特征	冲刷强度	岸坡高度/m
河段Ⅰ	监测点1	DT0103	右	12	0	黏土	中度	0.2
		DT0104	右	13	0	黏土	中度	0.2
		DT0105	右	26	0	黏土	中度	0.7
		DT0106	右	25	0	黏土	中度	0.5
		DT0107	右	23	100	黏土	中度	0.4
		DT0108	右	18	50	黏土	中度	0.4
		DT0109	右	35	100	黏土	中度	0.9
		DT0110	右	16	100	黏土	中度	0.3
		DT0111	右	24	100	黏土	中度	0.6
	监测点2	DT0201	左	29	100	砂石	重度	0.4
		DT0202	左	45	100	砂石	重度	0.5
		DT0203	左	45	100	砂石	重度	0.7
		DT0204	左	21	100	砂石	重度	0.3
		DT0205	左	23	100	砂石	重度	0.3
		DT0206	左	24	100	砂石	重度	0.4
		DT0207	左	42	100	砂石	重度	0.4
		DT0208	左	22	100	砂石	重度	0.3
		DT0209	左	33	100	砂石	重度	0.6
		DT0210	左	15	100	砂石	重度	0.3
		DT0211	左	23	100	砂石	重度	0.5
		DT0201	右	22	100	砂石	重度	0.2
		DT0202	右	33	100	砂石	重度	0.5
		DT0203	右	15	100	砂石	重度	0.3
		DT0204	右	23	100	砂石	重度	0.3
		DT0205	右	22	100	砂石	重度	0.3
		DT0206	右	33	100	砂石	重度	0.4
		DT0207	右	15	100	砂石	重度	0.1
		DT0208	右	23	100	砂石	重度	0.2
		DT0209	右	21	100	砂石	重度	0.4
		DT0210	右	19	100	砂石	重度	0.4
		DT0211	右	16	100	砂石	重度	0.3

续表

评价河段	监测点	监测断面	岸别	岸坡倾角/(°)	岸坡植被覆盖度/%	基质特征	冲刷强度	岸坡高度/m
河段Ⅱ	监测点3	DT0301	左	30	0	砂石	中度	0.6
		DT0302	左	18	0	砂石	中度	0.3
		DT0303	左	15	0	砂石	中度	0.4
		DT0304	左	30	100	砂石	中度	0.6
		DT0305	左	21	100	砂石	中度	0.4
		DT0306	左	15	50	砂石	中度	0.3
		DT0307	左	26	100	砂石	中度	0.7
		DT0308	左	16	100	砂石	中度	0.4
		DT0309	左	29	100	砂石	中度	0.5
		DT0310	左	28	100	砂石	中度	0.7
		DT0311	左	17	100	砂石	中度	0.4
		DT0301	右	16	100	砂石	中度	0.4
		DT0302	右	16	100	砂石	中度	0.4
		DT0303	右	30	100	砂石	中度	0.8
		DT0304	右	17	100	砂石	中度	0.4
		DT0305	右	22	100	砂石	中度	0.4
		DT0306	右	27	100	砂石	中度	0.7
		DT0307	右	22	100	砂石	中度	0.6
		DT0308	右	21	100	砂石	中度	0.4
		DT0309	右	27	100	砂石	中度	0.7
		DT0310	右	24	100	砂石	中度	0.6
		DT0311	右	22	100	砂石	中度	0.5
	监测点4	DT0401	左	81	0	砂石	中度	0.6
		DT0402	左	81	0	砂石	中度	1.5
		DT0403	左	51	100	砂石	中度	0.9
		DT0404	左	58	100	砂石	中度	0.8
		DT0405	左	71	100	砂石	中度	0.4
		DT0406	左	82	100	砂石	中度	1.3
		DT0407	左	40	100	砂石	中度	0.4
		DT0408	左	70	100	砂石	中度	0.5
		DT0409	左	51	100	砂石	中度	0.5

续表

评价河段	监测点	监测断面	岸别	岸坡倾角/(°)	岸坡植被覆盖度/%	基质特征	冲刷强度	岸坡高度/m
河段Ⅱ	监测点4	DT0410	左	70	100	砂石	中度	1.4
		DT0411	左	40	100	砂石	中度	0.3
		DT0401	右	77	0	砂石	中度	1.5
		DT0402	右	81	0	砂石	中度	0.9
		DT0403	右	65	0	砂石	中度	1.2
		DT0404	右	66	0	砂石	中度	1.2
		DT0405	右	47	100	砂石	中度	0.5
		DT0406	右	79	100	砂石	中度	0.9
		DT0407	右	47	0	砂石	中度	0.7
		DT0408	右	79	100	砂石	中度	0.4
		DT0409	右	76	0	砂石	中度	1.2
		DT0410	右	84	0	砂石	中度	0.9
		DT0411	右	75	0	砂石	中度	1.4
河段Ⅲ	监测点5	DT0501	左	75	0	砂石	中度	0.5
		DT0502	左	45	100	砂石	中度	1.1
		DT0503	左	45	100	砂石	中度	1.2
		DT0504	左	45	100	砂石	中度	1.3
		DT0505	左	56	0	砂石	中度	0.5
		DT0506	左	77	100	砂石	中度	1.5
		DT0507	左	40	100	砂石	中度	1.0
		DT0508	左	26	100	砂石	中度	0.9
		DT0509	左	64	0	砂石	中度	0.8
		DT0510	左	40	100	砂石	中度	0.3
		DT0511	左	40	100	砂石	中度	0.4
		DT0501	右	77	0	砂石	重度	0.6
		DT0502	右	74	0	砂石	重度	0.9
		DT0503	右	72	50	砂石	重度	0.9
		DT0504	右	76	0	砂石	重度	1.0
		DT0505	右	81	0	砂石	重度	1.1
		DT0506	右	83	0	砂石	重度	0.8
		DT0507	右	89	100	砂石	重度	0.8

续表

评价河段	监测点	监测断面	岸别	岸坡倾角/(°)	岸坡植被覆盖度/%	基质特征	冲刷强度	岸坡高度/m
河段Ⅲ	监测点5	DT0508	右	88	0	砂石	重度	1.1
		DT0509	右	83	100	砂石	重度	0.6
		DT0510	右	77	100	砂石	重度	0.6
		DT0511	右	87	0	砂石	重度	0.7
	监测点6	DT0601	左	10	100	黏土	轻度	0.2
		DT0602	左	10	100	黏土	轻度	0.2
		DT0603	左	10	100	黏土	轻度	0.2
		DT0604	左	10	100	黏土	轻度	0.2
		DT0605	左	10	100	黏土	轻度	0.2
		DT0606	左	10	100	黏土	轻度	0.2
		DT0607	左	10	100	黏土	轻度	0.2
		DT0608	左	10	100	黏土	轻度	0.2
		DT0609	左	10	100	黏土	轻度	0.2
		DT0610	左	10	100	黏土	轻度	0.2
		DT0611	左	10	100	黏土	轻度	0.2
		DT0601	右	15	100	黏土	轻度	0.1
		DT0602	右	15	100	黏土	轻度	0.1
		DT0603	右	15	100	黏土	轻度	0.1
		DT0604	右	15	100	黏土	轻度	0.1
		DT0605	右	15	100	黏土	轻度	0.1
		DT0606	右	40	50	黏土	轻度	0.7
		DT0607	右	40	50	黏土	轻度	0.7
		DT0608	右	40	50	黏土	轻度	0.7
		DT0609	右	60	100	黏土	轻度	0.3
		DT0610	右	60	100	黏土	轻度	0.3
		DT0611	右	60	100	黏土	轻度	0.3
河段Ⅳ	监测点7	DT0701	左	22	10	黏土	轻度	0.1
		DT0702	左	22	10	黏土	轻度	0.1
		DT0703	左	22	10	黏土	轻度	0.1
		DT0704	左	22	10	黏土	轻度	0.1
		DT0705	左	22	10	黏土	轻度	0.1

续表

评价河段	监测点	监测断面	岸别	岸坡倾角/(°)	岸坡植被覆盖度/%	基质特征	冲刷强度	岸坡高度/m
河段Ⅳ	监测点 7	DT0706	左	45	100	人工护岸	无	2.8
		DT0707	左	45	100	人工护岸	无	2.8
		DT0708	左	45	100	人工护岸	无	2.8
		DT0709	左	45	100	人工护岸	无	2.8
		DT0710	左	45	100	人工护岸	无	2.8
		DT0711	左	45	100	人工护岸	无	2.8
		DT0701	右	50	0	人工护岸	无	0.9
		DT0702	右	50	0	人工护岸	无	0.9
		DT0703	右	30	0	黏土	轻度	0.2
		DT0704	右	30	0	黏土	轻度	0.2
		DT0705	右	30	0	黏土	轻度	0.2
		DT0706	右	10	100	黏土	轻度	0.1
		DT0707	右	10	100	黏土	轻度	0.1
		DT0708	右	10	100	黏土	轻度	0.1
		DT0709	右	10	100	黏土	轻度	0.1
		DT0710	右	10	100	黏土	轻度	0.1
		DT0711	右	10	100	黏土	轻度	0.1
	监测点 8	DT0801	左	20	100	黏土	轻度	0.1
		DT0802	左	20	100	黏土	轻度	0.1
		DT0803	左	20	100	黏土	轻度	0.1
		DT0804	左	20	100	黏土	轻度	0.1
		DT0805	左	20	100	黏土	轻度	0.1
		DT0806	左	8	0	黏土	轻度	0.0
		DT0807	左	10	100	黏土	轻度	0.1
		DT0808	左	6	0	黏土	轻度	0.2
		DT0809	左	12	100	黏土	轻度	0.1
		DT0810	左	12	100	黏土	轻度	0.1
		DT0811	左	12	100	黏土	轻度	0.1
		DT0801	右	40	50	黏土	轻度	0.3
		DT0802	右	40	50	黏土	轻度	0.3
		DT0803	右	40	50	黏土	轻度	0.3

续表

评价河段	监测点	监测断面	岸别	岸坡倾角/(°)	岸坡植被覆盖度/%	基质特征	冲刷强度	岸坡高度/m
河段Ⅳ	监测点8	DT0804	右	40	50	黏土	轻度	0.3
		DT0805	右	40	50	黏土	轻度	0.3
		DT0806	右	20	0	砂石	轻度	0.3
		DT0807	右	20	0	砂石	轻度	0.3
		DT0808	右	20	0	砂石	轻度	0.3
		DT0809	右	20	0	砂石	轻度	0.3
		DT0810	右	20	0	砂石	轻度	0.3
		DT0811	右	45	100	黏土	轻度	0.8
河段Ⅴ	监测点9	DT0901	左	10	100	黏土	轻度	0.1
		DT0902	左	80	0	黏土	中度	0.7
		DT0903	左	80	0	黏土	中度	0.7
		DT0904	左	80	0	黏土	中度	0.7
		DT0905	左	80	0	黏土	中度	0.7
		DT0906	左	11	0	黏土	轻度	0.2
		DT0907	左	20	0	黏土	轻度	0.1
		DT0908	左	20	0	黏土	轻度	0.1
		DT0909	左	20	0	黏土	轻度	0.1
		DT0910	左	20	0	黏土	轻度	0.1
		DT0911	左	8	0	黏土	轻度	0.2
		DT0901	右	78	10	黏土	轻度	2.0
		DT0902	右	78	10	黏土	轻度	2.0
		DT0903	右	60	50	黏土	轻度	1.0
		DT0904	右	15	0	黏土	轻度	0.1
		DT0905	右	15	0	黏土	轻度	0.1
		DT0906	右	15	0	黏土	轻度	0.1
		DT0907	右	15	0	黏土	轻度	0.1
		DT0908	右	40	0	黏土	中度	0.3
		DT0909	右	40	0	黏土	中度	0.3
		DT0910	右	40	0	黏土	中度	0.3
		DT0911	右	40	0	黏土	中度	0.3

续表

评价河段	监测点	监测断面	岸别	岸坡倾角/(°)	岸坡植被覆盖度/%	基质特征	冲刷强度	岸坡高度/m
河段Ⅴ	监测点 10	DT1001	左	45	100	黏土	轻度	0.2
		DT1002	左	45	0	黏土	轻度	0.2
		DT1003	左	70	0	黏土	中度	0.4
		DT1004	左	70	0	黏土	中度	0.4
		DT1005	左	30	0	黏土	轻度	0.2
		DT1006	左	30	0	黏土	轻度	0.2
		DT1007	左	30	0	黏土	轻度	0.2
		DT1008	左	10	0	黏土	轻度	0.2
		DT1009	左	10	0	黏土	轻度	0.2
		DT1010	左	10	0	黏土	轻度	0.2
		DT1011	左	10	0	黏土	轻度	0.2
		DT1001	右	90	0	黏土	中度	1.0
		DT1002	右	90	0	黏土	中度	0.7
		DT1003	右	90	0	黏土	中度	0.7
		DT1004	右	90	0	黏土	中度	1.0
		DT1005	右	90	0	黏土	中度	0.7
		DT1006	右	90	0	黏土	重度	2.0
		DT1007	右	90	0	黏土	重度	2.0
		DT1008	右	90	0	黏土	重度	2.0
		DT1009	右	90	0	黏土	重度	0.8
		DT1010	右	90	0	黏土	重度	0.8
		DT1011	右	90	0	黏土	重度	0.8
河段Ⅵ	监测点 11	DT1101	左	90	0	黏土	重度	1.1
		DT1102	左	90	0	黏土	重度	1.1
		DT1103	左	30	20	黏土	轻度	0.3
		DT1104	左	30	20	黏土	轻度	0.3
		DT1105	左	30	20	黏土	轻度	0.3
		DT1106	左	80	0	黏土	中度	0.3
		DT1107	左	80	0	黏土	中度	0.3
		DT1108	左	10	10	黏土	轻度	0.1
		DT1109	左	10	10	黏土	轻度	0.1

续表

评价河段	监测点	监测断面	岸别	岸坡倾角/(°)	岸坡植被覆盖度/%	基质特征	冲刷强度	岸坡高度/m
河段Ⅵ	监测点11	DT1110	左	10	10	黏土	轻度	0.1
		DT1111	左	10	10	黏土	轻度	0.1
		DT1101	右	40	100	黏土	轻度	0.3
		DT1102	右	40	100	黏土	轻度	0.3
		DT1103	右	40	100	黏土	轻度	0.3
		DT1104	右	90	0	黏土	中度	0.9
		DT1105	右	90	0	黏土	中度	0.9
		DT1106	右	90	0	黏土	中度	0.9
		DT1107	右	90	0	黏土	中度	0.9
		DT1108	右	70	50	黏土	无	1.4
		DT1109	右	70	50	黏土	无	1.4
		DT1110	右	70	30	黏土	轻度	1.3
		DT1111	右	70	30	黏土	轻度	1.3
	监测点12	DT1201	左	8	0	黏土	轻度	0.2
		DT1202	左	8	0	黏土	轻度	0.2
		DT1203	左	8	0	黏土	轻度	0.2
		DT1204	左	8	0	黏土	轻度	0.2
		DT1205	左	8	0	黏土	轻度	0.2
		DT1206	左	8	0	黏土	轻度	0.2
		DT1207	左	90	0	黏土	中度	0.9
		DT1208	左	90	0	黏土	中度	0.9
		DT1209	左	90	0	黏土	中度	0.9
		DT1210	左	60	100	黏土	轻度	0.3
		DT1211	左	90	0	黏土	中度	0.8
		DT1201	右	10	50	黏土	轻度	0.1
		DT1202	右	90	0	黏土	中度	1.1
		DT1203	右	90	0	黏土	中度	1.1
		DT1204	右	90	0	黏土	中度	1.1
		DT1205	右	90	0	黏土	中度	1.1
		DT1206	右	60	20	黏土	轻度	2.6
		DT1207	右	60	20	黏土	轻度	2.6

续表

评价河段	监测点	监测断面	岸别	岸坡倾角/(°)	岸坡植被覆盖度/%	基质特征	冲刷强度	岸坡高度/m
河段Ⅵ	监测点 12	DT1208	右	60	20	黏土	轻度	2.6
		DT1209	右	45	15	黏土	轻度	2.5
		DT1210	右	60	20	黏土	轻度	2.4
		DT1212	右	60	20	黏土	轻度	2.4
	监测点 13	DT1301	左	10	100	黏土	轻度	0.1
		DT1302	左	10	100	黏土	轻度	0.1
		DT1303	左	10	100	黏土	轻度	0.1
		DT1304	左	10	100	黏土	轻度	0.1
		DT1305	左	10	100	黏土	轻度	0.1
		DT1306	左	10	100	黏土	轻度	0.1
		DT1307	左	80	40	黏土	轻度	1.0
		DT1308	左	80	40	黏土	轻度	1.0
		DT1309	左	80	40	黏土	轻度	1.0
		DT1310	左	80	40	黏土	轻度	1.0
		DT1311	左	80	40	黏土	轻度	1.0
		DT1301	右	25	50	黏土	轻度	0.8
		DT1302	右	25	50	黏土	轻度	0.8
		DT1303	右	25	50	黏土	轻度	0.5
		DT1304	右	25	50	黏土	轻度	0.2
		DT1305	右	9	0	黏土	轻度	0.1
		DT1306	右	9	0	黏土	轻度	0.1
		DT1307	右	9	0	黏土	轻度	0.1
		DT1308	右	9	0	黏土	中度	0.1
		DT1309	右	9	0	黏土	中度	0.1
		DT1310	右	9	0	黏土	中度	0.1
		DT1311	右	9	0	黏土	中度	0.1

表 8.11　　讷谟尔河干流岸带状况赋分

评价河段	评价因子	评价因子赋分	指标因子权重	河段赋分
河段Ⅰ	河岸稳定性	71	0.4	76
	岸带植被覆盖度	79	0.6	

续表

评价河段	评价因子	评价因子赋分	指标因子权重	河段赋分
河段Ⅱ	河岸稳定性	56	0.4	68
	岸带植被覆盖度	76	0.6	
河段Ⅲ	河岸稳定性	71	0.4	80
	岸带植被覆盖度	86	0.6	
河段Ⅳ	河岸稳定性	44	0.4	78
	岸带植被覆盖度	100	0.6	
河段Ⅴ	河岸稳定性	51	0.4	72
	岸带植被覆盖度	86	0.6	

两个评价因子通过不同方式获取数据：岸坡稳定性采用补充现场调查，岸带植被覆盖度采用2021年遥感解译。

（1）岸坡稳定性。讷谟尔河干流共布设13个监测点位，每个监测点位设置11个监测断面，共计143个监测断面。其中，河段Ⅰ有3个监测点位，河段Ⅱ有2个监测点位，河段Ⅲ有3个监测点位，河段Ⅳ有2个监测点位，河段Ⅴ有3个监测点位。计算得出：河段Ⅰ岸坡基质多为砂石，植被覆盖率较高，岸坡平均高度为1.1m，岸坡平均倾角为25.25°，岸坡处于次不稳定状态；河段Ⅱ岸坡基质多为砂石，植被覆盖率一般，岸坡平均高度为0.9m，岸坡平均倾角为66.2°，岸坡处于次不稳定状态；河段Ⅲ岸坡基质多为黏土，植被覆盖率一般，岸坡平均高度为0.5m，岸坡平均倾角为25.6°，岸坡处于次不稳定状态；河段Ⅳ岸坡基质多为黏土，植被覆盖率较低，岸坡平均高度为0.6m，岸坡平均倾角为50.2°，岸坡处于次不稳定状态；河段Ⅴ岸坡基质多为黏土，植被覆盖率较低，岸坡平均高度为0.7m，岸坡平均倾角为46.2°，岸坡处于次不稳定状态。

（2）岸带植被覆盖度。以河湖管理范围作为岸带植被覆盖度监测范围。采用2020年8月、9月30m分辨率的的陆地卫星Landsat 8 OLI影像数据源进行解译，数据源进行解译，计算得出讷谟尔河河段Ⅰ～河段Ⅴ植被覆盖度分别为64.41%、61.90%、69.81%、87.71%、69.95%。计算得出讷谟尔河河段Ⅰ～河段Ⅴ植被覆盖度赋分分别为79分、76分、86分、100分、86分，见文后彩图20～文后彩图24。

8.3.2.2 天然湿地保留率

讷谟尔河湿地解译可用的遥感影像数据始于1984年、1985年、1987年，黑龙江省首次湿地普查在2015年，本次评价以2015年数据作为解译标识，解译1984年的湿地面积（由于1984年遥感数据不足，用1985年和1987年数据进行了补充）作为历史数据，2021年湿地面积（由于2021年遥感数据不足，用2020年数据进行了补充）作为现状数据，解释现状湿地范围和面积，解译结果见文后彩图 25～文后彩图 29。

经计算，讷谟尔河河段Ⅰ～河段Ⅴ天然湿地保留率和赋分分别为 72%、50 分，91%、91 分，80%、64 分，88%、81 分，78%、81 分。

8.3.3 水质

采用国控考核断面监测数据评价水质优劣程度。经计算，河段Ⅰ～河段Ⅴ水质优劣程度赋分分别为 77 分、77 分、77 分、77 分、77 分，讷谟尔河干流国控监测断面水体污染物浓度见图 8.1、讷漠尔河各监测断面水质优劣程度赋分见表 8.12。

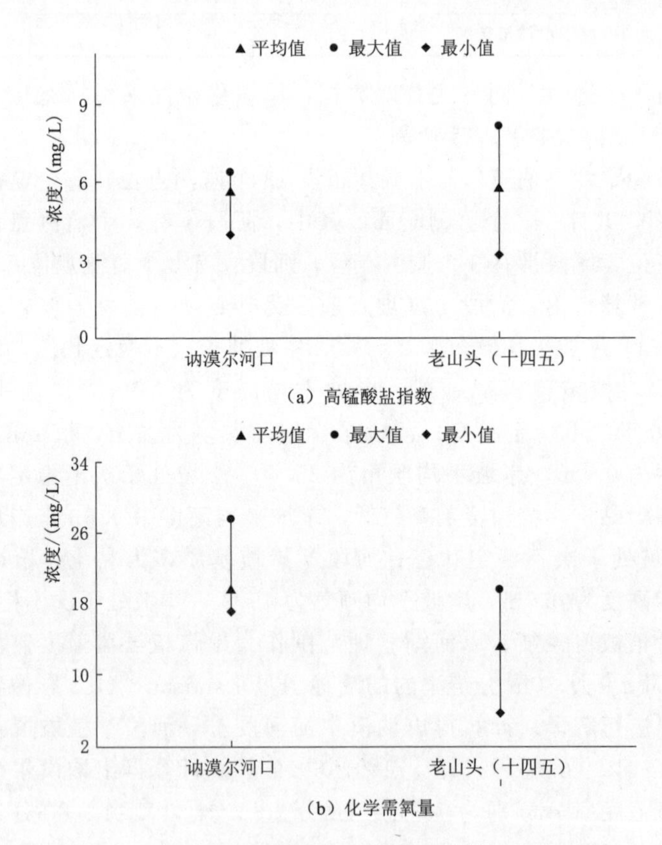

（a）高锰酸盐指数

（b）化学需氧量

图 8.1 讷谟尔河干流国控监测断面水体污染物浓度

表 8.12 讷谟尔河各监测断面水质优劣程度赋分

监测断面	最差水质项目	年度赋分
老山头（十四五）	高锰酸盐指数	77
讷漠尔河口	化学需氧量	77

2022年国控考核断面监测数据显示讷谟尔河断面全年平均水质Ⅲ类、老山头（十四五）断面平均水质Ⅲ类、讷谟尔河口断面平均水质Ⅲ类。

8.3.4 水生生物

8.3.4.1 大型底栖无脊椎动物生物完整性指数

大型底栖无脊椎动物现场采样监测布设16个监测断面。讷谟尔河现场监测采集到大型底栖无脊椎动物17目57种，物种数量1086个。其中，水生昆虫35种，占61.40%；软体动物11种，占19.29%；水生环节动物6种，占10.52%；甲壳动物5种，占8.77%，见图8.2。

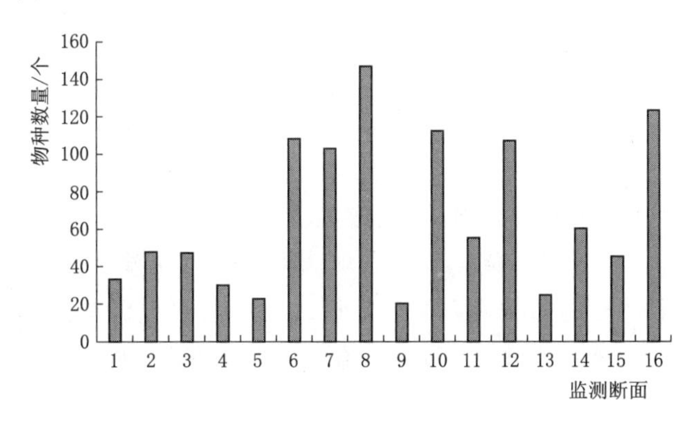

图8.2 监测断面大型底栖动物数量

计算得出，讷谟尔河大型底栖无脊椎动物生物完整性指数最佳期望值（B-IBIE）为1.23，河段Ⅰ、河段Ⅱ、河段Ⅲ、河段Ⅳ、河段Ⅴ监测断面大型底栖动物生物完整性指数及赋分分别是1.5、100分，1.27、100分，1.91、100分，1.46、100分，1.83、100分，见表8.13。结果表明，讷谟尔河干流各河段大型底栖动物完整性较高。

表8.13 监测断面大型底栖动物生物完整性指数及赋分

河段	采样断面	B-IBI监测值	B-IBI监测平均值	B-IBI指数赋分
河段Ⅰ	监测点1	1.84	1.5	100
	监测点2	1.34		
	监测点3	1.86		
	监测点4	0.95		
河段Ⅱ	监测点5	1.88	1.27	100
	监测点6	1		
	监测点7	1.11		
	监测点8	1.07		

续表

河段	采样断面	B-IBI 监测值	B-IBI 监测平均值	B-IBI 指数赋分
河段Ⅲ	监测点 9	2	1.91	100
	监测点 10	2		
	监测点 11	1.74		
河段Ⅳ	监测点 12	1	1.46	100
	监测点 13	1.92		
河段Ⅴ	监测点 14	1.91	1.83	100
	监测点 15	1.6		
	监测点 16	1.99		

8.3.4.2 鱼类保有指数

经查阅资料及咨询专家后确认，讷谟尔河历史鱼类有 6 目 11 科 40 种鱼类。通过布设 5 个监测断面开展鱼类现场专项调查监测，讷谟尔河共调查到 6 目 11 科 40 种鱼类，其中 1 号点调查到 4 目 6 科 24 种，2 号点调查到 5 目 8 科 29 种，3 号点调查到 4 目 7 科 21 种，4 号点调查到 6 目 9 科 29 种，5 号点调查到 6 目 10 科 29 种。

鱼类指标采取整体评价方法，综合所有监测断面调查到的鱼类种类，作为讷谟尔河现状鱼类的代表值。计算出讷谟尔河鱼类保有指数和赋分分别为 100%、100 分。

8.3.5 社会服务功能

8.3.5.1 防洪指标

河流防洪工程达标率以达到防洪标准的堤防长度占总长度的比例进行评价。讷谟尔河干流堤防长度 89.048km，按照河段划分，河段Ⅰ无堤防；河段Ⅱ堤防长度 16.27km，达到防洪设计标准堤防长度 0km；河段Ⅲ堤防长度 57.95km，达到防洪设计标准堤防长度 22.36km；河段Ⅳ无堤防；河段Ⅴ堤防长度 14.83km，达到防洪设计标准堤防长度 0km，见表 8.14。

表 8.14 讷谟尔河堤防工程统计

河段	行政区	堤防名称	岸别	堤防长度/km	防洪标准/年		达到防洪设计标准堤防长度/km
					规划	现状	
河段Ⅱ	五大连池市	龙镇一堤	右岸	11.50	20	10	0
	五大连池市	讷谟尔村堤防	右岸	4.77	20	10	0
	合计			16.27			0

续表

河段	行政区	堤防名称	岸别	堤防长度/km	防洪标准/年		达到防洪设计标准堤防长度/km
					规划	现状	
河段Ⅲ	五大连池市	永丰堤	左岸	6.32	30	30	6.32
	五大连池市	永丰堤	左岸	10.25	30	10	0
	五大连池市	青山堤	右岸	3.88	50	50	3.88
	五大连池市	建设堤	左岸	12.16	20	20	12.16
	五大连池市	双泉堤防	右岸	5.59	20	5	0
	五大连池市	三永堤防	右岸	4.78	20	10	0
	五大连池市	和平堤	左岸	7.50	20	5	0
	五大连池市	和平3堤	左岸	1.70	20	5	0
	五大连池市	东升堤防	右岸	1.38	20	5	0
	五大连池市	和平2堤	左岸	4.40	20	5	0
合计				57.95			22.36
河段Ⅴ	讷河市	铁路上游北堤	右岸	9.29	50	10	0
	讷河市	铁路下游北堤	右岸	5.54	20	10	0
合计				14.83			0

计算得出，讷谟尔河干流河段Ⅱ、河段Ⅲ、河段Ⅴ的堤防工程达标率及赋分分别为0、0分，38.58%、0分，0、0分。结果表明，五大连池市有51.86km的堤防、讷河市有14.83km的堤防现状防洪标准未达到设计防洪标准。

8.3.5.2 公众满意度

公众满意度以公众对河流水资源、水域岸线、水环境、水生态等方面的满意程度进行评价，赋分取评价河流周边公众赋分的平均值。

本次调查采用随机抽样（普通社会群众）的方式，向受访者发出100份问卷，收回有效问卷100份。采集了公众对讷谟尔河的水资源、水质、水景观、水生生物、清“四乱”后生态恢复、亲水便民等6个方面的满意程度。

计算得出，讷谟尔河河段Ⅰ、河段Ⅱ、河段Ⅲ、河段Ⅳ、河段Ⅴ公众满意度赋分分别为78分、81分、83分、74分、79分。将各评价项目分数折算成百分制，即水资源82分、水质87分、水景观76分、水生生物80分、清“四乱”清理后的生态恢复65分、亲水便民76分，见文后彩图30。结果表明，公众不满意的重点在水景观方面，主要反映在：①18%的受访者认为讷谟尔河岸线景观较差，城区段河道景观不优美；②18%的受访者认为讷谟尔河部分河岸破损、侵蚀严重；③25%的受访者认为讷谟尔河清“四乱”清理后的生态恢复较差，且河道管理范围内还有沙堆。

8.3.5.3 入河排污口规范化建设率

入河排污口规范化建设率以规范化建设的入河排污口数量占总排污口数量的比例进行评价。讷谟尔河干流有9处入河排污口，按照评价河段划分，河段Ⅱ有1处入河排污口，河段Ⅲ有5处入河排污口，河段Ⅴ有3处入河排污口，讷谟尔河干流入河排污口规范化管理情况见表8.15。计算得出河段Ⅰ～河段Ⅴ入河排污口规范化建设率和赋分均为100%，100分。

表8.15 讷谟尔河干流入河排污口规范化管理情况

河段	行政区	排污口名称	排污口规范化管理评价要素		
			竖立公式牌（是/否）	入河流前设置明渠段或取样井或有监测（是/否）	重点排污口（是/否）
河段Ⅱ	五大连池市	五大连池市山口湖坝区生活污水处理厂入河排污口	是	是	否
河段Ⅲ	五大连池市	五大连池市污水处理厂排放口	是	是	否
	五大连池市	黑龙江省五大连池市花园强制隔离戒毒所市政生活污水入河排污口	是	是	否
	五大连池市	五大连池市新发镇德安村农村生活污水处理站排污口	是	是	否
	五大连池市	黑龙江省五大连池监狱（永丰农场）生活污水入河排污口	是	是	否
	五大连池市	五大连池市团结镇永生村农村生活污水处理站污水排污口	是	是	否
河段Ⅴ	讷河市	讷河市污水处理厂排污口	是	是	否
	讷河市	黑龙江省讷河市孔国乡信义村普邦明胶（黑龙江）有限公司工业入河排污口	是	是	否
	讷河市	讷河市二克浅镇聚星淀粉厂排污口	是	是	否

8.3.5.4 取水口规范化管理率

讷谟尔河干流取水口8个，其中河段Ⅰ无取水口，河段Ⅱ取水口1个（规范化管理1个），河段Ⅲ取水口3个（规范化管理3个），河段Ⅳ取水口1个（规范化管理1个），河段Ⅴ取水口3个（规范化管理2个），见表8.16。计算得出，河段Ⅱ～河段Ⅴ的取水口规范化管理程度和赋分均为100%、100分。结果表明，五大连池市取水口管理较规范，并建立了较完善的取水口管理措施。克山县河讷河市取水口存在取水口管理不规范现象。

表 8.16　　　　纳谟尔河干流取水口规范化管理情况

<table>
<tr><th rowspan="2">河段</th><th rowspan="2">行政区</th><th rowspan="2">取水口名称</th><th colspan="4">取水口规范化管理评价要素</th></tr>
<tr><th>取水许可证（有/无）</th><th>按审批水量范围取水（是/否）</th><th>安装监测计量设施（是/否）</th><th>监测计量设施正常运行（是/否）</th></tr>
<tr><td>河段Ⅱ</td><td>龙镇农场</td><td>龙镇农场西大洼灌区取水口</td><td>有</td><td>是</td><td>是</td><td>是</td></tr>
<tr><td rowspan="3">河段Ⅲ</td><td>五大连池市</td><td>五大连池市永丰灌区取水口</td><td>有</td><td>是</td><td>是</td><td>是</td></tr>
<tr><td>五大连池市</td><td>五大连池市建设灌区取水口</td><td>有</td><td>是</td><td>是</td><td>是</td></tr>
<tr><td>五大连池市</td><td>黑龙江省卫星运河灌区取水口</td><td>有</td><td>是</td><td>是</td><td>是</td></tr>
<tr><td>河段Ⅳ</td><td>克山县</td><td>九井干渠渠首</td><td>有</td><td>是</td><td>是</td><td>是</td></tr>
<tr><td rowspan="3">河段Ⅴ</td><td>讷河市</td><td>讷河市孔国乡兆麟引渠取水口</td><td>有</td><td>是</td><td>是</td><td>是</td></tr>
<tr><td>讷河市</td><td>讷河市灌区总站讷全渠首进水闸取水口</td><td>有</td><td>是</td><td>是</td><td>是</td></tr>
<tr><td>讷河市</td><td>讷河市灌区总站太和灌区取水口</td><td>有</td><td>是</td><td>是</td><td>是</td></tr>
</table>

8.3.6 评价结果

对讷谟尔河的 5 个准则层 11 个评价指标进行逐级加权、综合赋分，结合河段赋分结果，计算得出讷谟尔河健康评价综合赋分 82 分，处于健康状态。11 项评价指标中：非常健康指标 5 项目，占 45%，健康指标 3 项，占 15%，亚健康指标 1 项、占 9%，不健康指标 1 项、占 9%，劣态指标 1 项、占 9%。5 个准则层中：健康准则 4 个、占 40%，亚健康准则 1 个、占 20%，见表 8.17、图 8.3。

表 8.17　　　　讷谟尔河健康评价赋分

<table>
<tr><th>目标层</th><th>准则层</th><th>指　标　层</th><th>指标层赋分</th><th>准则层赋分</th><th>河流健康赋分</th></tr>
<tr><td rowspan="11">河流健康</td><td rowspan="2">水文水资源</td><td>生态流量满足程度</td><td>100</td><td rowspan="2">75</td><td rowspan="11">82</td></tr>
<tr><td>河流纵向连通指数</td><td>49</td></tr>
<tr><td rowspan="2">物理结构</td><td>岸带状况</td><td>75</td><td rowspan="2">69</td></tr>
<tr><td>天然湿地保留率</td><td>63</td></tr>
<tr><td>水质</td><td>水质优劣程度</td><td>77</td><td>77</td></tr>
<tr><td rowspan="2">水生生物</td><td>大型底栖无脊椎动物生物完整性指数</td><td>100</td><td rowspan="2"></td></tr>
<tr><td>鱼类保有指数</td><td>100</td></tr>
<tr><td rowspan="4">社会服务功能</td><td>堤防工程达标率</td><td>0</td><td rowspan="4">80</td></tr>
<tr><td>公众满意度</td><td>79</td></tr>
<tr><td>入河排污口规范化建设率</td><td>100</td></tr>
<tr><td>取水口规范化管理率</td><td>100</td></tr>
</table>

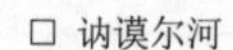

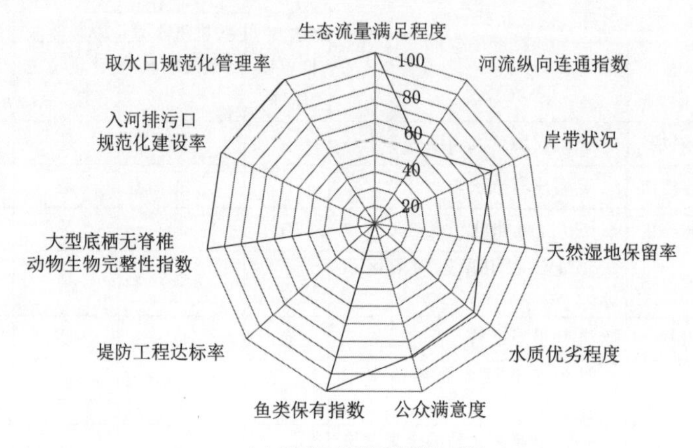

(a) 健康评价指标层赋分雷达

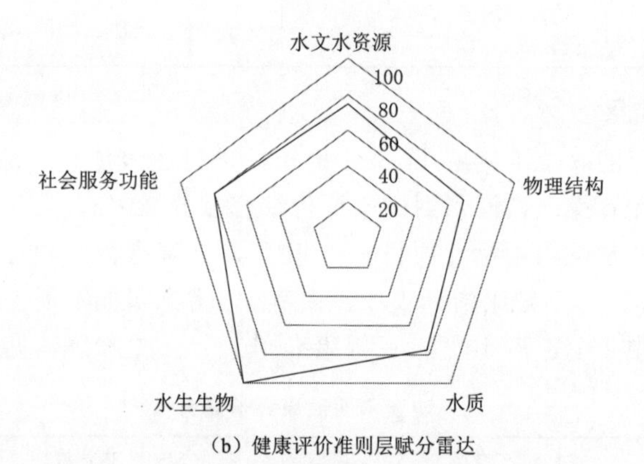

(b) 健康评价准则层赋分雷达

图 8.3 讷谟尔河健康评价赋分

8.4 河流健康整体特征

8.4.1 生物多样性受损

讷谟尔河水文形态改变、水文情势改变等因素，导致了讷谟尔河水生生物多样性受损，主要表现为鱼类种类地理分布不均。讷谟尔河上游有一座无过鱼通道的大型水库（山口水库），干流上还建有西大洼灌区拦河坝等 6 座拦河闸坝、渠首等水利设施，改变了河道的水文形态和水文情势，阻碍了鱼类的洄游通道，影响了鱼类上下游交流，导致鱼类栖息地破碎化，对鱼类的生存造成威胁。尤其是鲢、鳙、青鱼、草鱼、翘嘴鲌等河流短距离洄游性鱼类需要到不同的河段进行繁殖、越冬、度夏等完成生命阶段的各种历程，拦河闸坝阻隔了鱼类的洄游，致使洄游性鱼类无法或很难完成其完整的生活史过程，最终导致这些鱼类不能适应该生态环境，资源量严重减少甚至在部分水域中消失。比如：在山口水库上游（北安段），马口鱼、雷氏七鳃鳗、湖鱥、洛氏鱥、鳘、麦穗鱼、犬首鮈、细体鮈、凌源鮈、蛇鮈、黑龙江花鳅、北方泥鳅、光泽黄颡鱼、黑斑狗鱼、葛氏鲈塘鳢、黄鮈鱼、鳜鱼、江鳕等已消失；在中游（五大连池段），瓦氏雅罗鱼、黄鮈鱼、波氏吻虾虎鱼、鳜鱼、江鳕等已消失；在下游段（讷河市段），湖鱥、高体鮈、花斑副沙鳅、大银鱼、葛氏鲈塘鳢等已消失。

8.4.2 来水水质轻度污染

讷谟尔河综合治理虽有成效，但受气候和降水影响以及农业生产多方面因素影响，2021年南北河终点断面全年平均水质为Ⅳ类，属轻度污染。主要表现为讷谟尔河源头南北河在6月和10月受背景值影响，高锰酸盐指数、氨氮等指标浓度超过Ⅲ类水质标准。南北河两岸开垦为旱地，受夏汛影响，在7月和8月，农业种植施用的农药化肥一部分随地表径流携带进入河流，致使水体高锰酸盐指数（8月Ⅴ类）和化学需氧量（8月Ⅴ类）超过Ⅲ类水质标准。

8.4.3 生态环境脆弱

讷谟尔河生态环境问题主要表现为湿地退化。讷谟尔河干流湿地面积由20世纪80年代的690.01km^2下降到2021年的554.16km^2，尤其以山口水库库尾上游段的湿地面积萎缩问题相对严重，由192.25km^2下降到138.61km^2，萎缩了28%，严重破坏了野生动植物的生存环境，使生物种群数量减少、分布区缩小。

8.4.4 生态流量保障不足

德都水文站监测断面流量8月有20d、9月有21d流量不满足生态流量目标。主要原因有两个方面：①8月河道外取用水量超过了水库下泄水量；②9月有24d山口水库未下泄水量。

8.4.5 堤防工程仍有险工险段

讷谟尔河流域经济社会发展对防洪的要求比较高，特别是人口聚集，需要保护1.5万人口、22.58万亩耕地的防洪安全，防洪责任和压力非常大。讷谟尔河干流堤防长度89.048km，仅有永丰堤左岸、青山堤右岸、建设堤左岸共22.36km达标，五大连池市有51.86km的堤防和讷河市14.83km的堤防现状防洪标准未达到设计防洪标准，发生洪涝灾害的风险依然存在。

第9章 倭肯河健康评价

9.1 河流概况

9.1.1 自然状况

倭肯河流域位于完达山西侧和老爷岭东侧山系之间。流域面积 11630km²，呈阔叶形。流域内山区面积占总面积的 43%、丘陵和平原占 36%、河谷平原占 21%。其中，耕地面积占丘陵和平原面积 65%以上，是黑龙江省东部主要产粮区；森林面积约 3240km²，分布在干流上游山区，流域内最高山峰为太平顶，海拔 1008m。

倭肯河发源于完达山西北侧，由许多山间小溪和泉眼汇流而成，形成的干流自东北向西南方向，在桃山站下游逐渐转近 90°的弯向西北方向流动，流经七台河市、勃利县、桦南县，在依兰县城镇东北侧汇入松花江，是松花江右岸一级支流。干流河长约 360.68km，平均比降 0.59%，河道弯曲系数为 1.5，桃山站下游河道呈“S”形。桃山水库位于倭肯河中上游，七台河市市区境内桃山脚下，水库由此而得名。

在倭肯河中下游两岸为冲积、洪积平原区，支流八虎力河中下游为平原区，松木河一带为丘陵和山地。倭肯河支流分布较密，右岸支流较大，有挖金别河、七虎力河、八虎力河、松木河等。左岸支流较小，有茄子河、七台河、勃利县小五站河、碾子河、连珠河、吉兴河等，流域面积在 100km² 以上的支流约有 16 条，其中七虎力河、八虎力河流域面积大于 1000km²。干支流河床切割较浅，河槽形状多呈槽型，属宽浅河道。

倭肯河流域地势以东部和东南较高，逐渐向西和西北倾斜。流域平均高程为 245.00m，流域形状略呈阔叶形，流域最大宽度 100km，最小宽度 15km，平均宽度约 71km。茄子河及以上为山区，山地分布在东北及东南的流域边缘上，这样的地势造成了倭肯河由东北向西南、自桃山折返西北的流向，且丘陵台地多分布在河谷附近。自茄子河口—勃利镇一带，为流域内最大的平原地区。倭肯河山区河道坡降较陡，河床较窄，洪水传播时间较快，河道坡降较缓，河床较宽，河滩宽阔，洪水滞时较长，夏汛期易产生大面积暴雨洪水。

倭肯河水系发达支流众多，流域面积大于 50km^2 的支流有 62 条，其中流域面积超过 1000km^2 的河流 3 条，分别为松木河、七虎力河和八虎力河。

倭肯河主要包括支流如下：

正阳河，为倭肯河源头支流，发源于阿尔哈山东部的龙爪林场第十七林班北部山谷，隔分水岭东侧为七星河源头地区。正阳河全长 33km，流域面积 275km^2；场内流程 30km，流域面积 211km^2。河宽 0.5～8.0m，水深 0.2～2.0m，弯曲系数 1.34，流量为 10～15m^3/s。

金沙河，发源于青云寺山。北源称大金沙河，源于胡康山。两源于桦南林业局金沙林场汇合，稍向东北后掉头向东南再渐转向南注入倭肯河，状如弯刀。金沙河全长 35km，流域面积 319km^2，河宽 3～8m，水深 0.7～2.2m，弯曲系数 1.25，流量为 10～15m^3/s。

小顺河，源于大东南山，全长 12km，流域面积 62km^2，是一条流程和流域面积均在北兴农场场区的河流。河宽 1～3m，水深 0.2～1.0m，弯曲系数 1.15，流量为 3～5m^3/s。发源后先向东北，后转向北注入倭肯河。

碾子河，是倭肯河的一级支流。发源于通天屯西 9km 外的段家岭，由小碾子河、来呆河等五条小河汇成。全长 40km，流域面积 327.3km^2。历年平均径流量为 1831 万 m^3，历年平均径流深 128.95mm。河水自西南向东北流向，经由勃利镇、镇郊、抢垦、青山 4 个乡（镇）的 23 个村，最后在抢垦乡东北 2.7km 处汇入倭肯河。

吉兴河，发源于林口、勃利两县分界的黑背大岭东坡宝山屯西的西北楞沟，由 8 条小河流组成。吉兴河源头的水源以泉水为主，全长 40km，流域面积 389.70km^2，历年平均流量为 0.50m^3/s，历年平均径流深为 183.30mm。河流经过大四站、吉兴、倭肯 3 个乡（镇），于倭肯东北 2km 处汇入倭肯河。

小五站河，发源于勃利、鸡东两县交界的牧羊地东南 1.5km 的分水岭下。河流全长 33km，流域面积 327km^2，流域平均宽度 7km。在抢垦屯东 2km 处与碾子河汇合，注入倭肯河。

新七台河，横贯七台河市新兴区，发源于勃利县境内的小五站镇三队附近，河流全长 22km，流域面积 200km^2，弯曲系数 1.2，平均比降 1/200，在罗锅桥下游处平槽泄量为 53m^3/s，多年平均径流量 0.24 亿 m^3。新七台河上游有两条较大的支流，在太和村附近汇合。整个河流均属于半山区河流，下游开阔地少。

挖金别河，起源于神仙洞北沟，河流长度 37km，流域面积 278km^2，弯曲系数 1.6，平均比降 1/370，平槽泄量 91m^3/s，多年平均径流量 0.35 亿 m^3，在挖金别河中上游建有汪清水库（中型），水库集雨面积 185km^2，设计总库容 5133 万 m^3。2018 年 10 月 15 日七台河市人民政府常务会议（2018 年第 10 次）

同意取消桃山水库生活饮用水使用功能，将汪清水库作为城市应急备用水源，讨论并通过了《汪清水库水源地水污染防治规划报告》。

万宝河，以万宝水库而得名，发源于大架子山北坡三道沟，河流全长约 11km，流域面积 46km^2，流经七台河市桃山区万宝河镇，于桃山水库下游 1km 处汇入倭肯河。在万宝河上游建有小（Ⅰ）型水库万宝水库，万宝水库下游是桃山区，为此该水库对下游的防洪非常重要。万宝河河道弯曲系数 1.4，平均比降 1/80，水流速度快，在万宝桥下游处平槽泄量可达 62m^3/s，多年平均径流量 0.06 亿 m^3。

茄子河，发源于铁山、龙山山区，河流长度 41km，流域面积 404km^2，弯曲系数 2.2，年径流量 0.54 亿 m^3，平槽泄量 30m^3/s。

中心河，发源于那丹哈达岭东端的黑山。河流长度 28km，流域面积 93km^2，河宽 2～3m，水深 0.3～1.0m，年径流量 0.12 亿 m^3，流量 3～7m^3/s。

龙湖河，发源于七台河东部山区。河流长度为 25km，流域面积 121km^2，河宽 1～5m，水深 0.4～1.0m，年径流量 0.17 亿 m^3。

松木河，发源于桦川县草帽顶子山南脉，流经金沙乡、土龙山镇、庆发乡。在曙光农场九连场部注入倭肯河。河流全长 63km，流域面积 480km^2，河宽 25m。

七虎力河，发源于完达山脉，经石头河子镇、二道沟乡，由北向南折向西，在公心集乡桦木岗西北注入倭肯河，全长 84km，流域面积 1055km^2。河床窄小，河宽 15～20m。

八虎力河，发源于完达山脉阿尔哈山，流经桦南县驼腰子、柳毛河、八虎力、桦南镇、三合、曙光农场、新兴、梨树等乡，在梨树乡清河村西注入倭肯河。全长 110km，流域面积 1260km^2，河宽 25～40m，正常流量约 8m^3/s，年径流量 2.23 亿 m^3。

9.1.2　生态环境状况

9.1.2.1　水文水资源状况

倭肯河流域内属于中温带湿润半湿润大陆性季风气候区，多年平均降水量 500～550mm，70%以内的降雨集中在汛期（7—9 月）。多年平均气温 3℃左右；气温最高在 7 月，平均气温 22℃左右，极端最高气温 38℃；1 月最冷，平均气温－18℃左右，极端最低气温－39℃。无霜期为 120d，平均最大冻土深 1.6～2.0m，多年平均水面蒸发量 674mm，年平均日照时数 2400 小时，年平均最大风速 14.2m/s，汛期 7—9 月最多风向为南风和西南西风，实测最大风速 24m/s，风向为南风。倭肯河流域径流主要集中在 6—9 月，占全年的 67%，5—10 月占全年的 89%，尤以 8 月最多，占全年的 30%。

根据黑龙江省政府批复的《倭肯河干流水量调度计划（2021 年度）》，倭肯河流域地表水资源总量为38.86亿m^3，可开发利用量为8.15亿m^3，其中七台河市3.02亿m^3、佳木斯市4.05亿m^3、哈尔滨市1.08亿m^3。

根据黑龙江省政府批复的《倭肯河水量分配方案》，倭肯河流域2020年地表水用水总量控制指标为8.15亿m^3。根据《黑龙江省水资源公报》，倭肯河流域2020年总用水量7.83亿m^3，水资源开发利用率为20.14%。其中，七台河市2.70亿m^3、佳木斯市4.05亿m^3、哈尔滨市1.08亿m^3。

根据黑龙江省政府批复的《倭肯河生态流量保障方案》，确定倭肯河干流倭肯断面生态流量目标值：汛期1.55m^3/s、非汛期1.13m^3/s。

9.1.2.2 水质状况

倭肯河干流有水功能区6个（一级水功能区有4个、二级水功能区有4个），见表9.1。共设有6个监测断面，分别位于倭肯河勃利县源头水保护区，倭肯河七台河市饮用、工业用水区，倭肯河七台河市排污控制区，倭肯河七台河市过渡区，倭肯河依兰县保留区和倭肯河依兰县农业用水区。

表9.1　倭肯河干流水功能区划

序号	一级水功能区名称	二级水功能区名称	范围		水质目标
			起始断面	终止断面	
1	勃利县源头水保护区		源头	桃山水库库尾	Ⅱ
2	七台河市开发利用区	倭肯河七台河市饮用、工业用水区	桃山水库库尾	万宝河汇入口	Ⅱ～Ⅲ
3		倭肯河七台河市排污控制区	万宝河汇入口	北山大桥	
4		倭肯河七台河市过渡区	北山大桥	长兴公路桥	Ⅳ
5	依兰县保留区		长兴公路桥	三道岗镇	Ⅲ
6	依兰县开发利用区	依兰县农业用水区	三道岗镇	入松花江河口	Ⅳ

9.1.2.3 水生生物状况

倭肯河历史鱼类有10科47种，其中包括雷氏七鳃鳗、哲罗鲑、怀头鲇等珍稀濒危冷水性鱼类。通过现场调查，倭肯河共调查到7科35种鱼类。

9.1.2.4 自然保护区

倭肯河流域共有3个自然保护区、1个湿地公园。其中，有2个省级自然保护区分布在倭肯河干流沿线，分别是黑龙江倭肯河省级自然保护区、安兴湿地自然保护区，有1个国家级的黑龙江七星砬子东北虎自然保护区位于桦南县境内。

（1）黑龙江倭肯河省级自然保护区面积为7342.71hm^2。核心区位于保护区中心部分，根据保护区自然概况及湿地的分布情况，在保护区中部区域及周边湿地规划成一个核心区，面积为2551.46hm²，占保护区总面积的35%。缓冲区位于核心区外围区域，面积2616.47hm²，占保护区总面积的36%。实验区在缓冲区的外围及倭肯河中、上游区域，面积为2164.79hm²，占保护区总面积的29%。

黑龙江倭肯河省级自然保护区是以内陆湿地和水域及其生境形成的自然生态系统为主要保护对象，即保护沼泽、水域等生态系统以及国家重点保护野生动植物及其栖息地和繁殖地。主要保护对象包括：水生、湿生和沼生植物物种、种类及其组成的各种植物群落；丹顶鹤、东方白鹤等珍稀濒危珍稀鸟类以及它们的栖息地、繁殖地的生态环境；生长着核桃楸、黄檗等珍稀植物的森林生态系统。

(2) 安兴湿地自然保护区位于依兰县东南60km处，倭肯河左岸中下游安兴水库附近，保护区总面积11000hm²，其中核心区面积2750hm²，缓冲区面积3050hm²，实验区面积5200hm²。安兴湿地自然保护区在2003年被评为省级自然保护区。属“自然生态系统”的“内流河川湿地鱼水域生态系统”类型，保护对象为由水生和陆栖生物及其生态环境共同形成的湿地和水域生态系统。

(3) 黑龙江七星砬子东北虎自然保护区位于黑龙江省佳木斯市桦南县境内，保护区总面积55740hm²，其中核心区面积21770hm²，缓冲区面积21397hm²，实验区面积12573hm²。自然保护区内有雄伟壮观的七星砬子主峰七星峰（海拔852.70m)，山峰险要，周围被绵延的群山所环抱。植物资源丰富，林木以针阔叶混交林为主；树种以柞、山杨、白桦、椴、榆、水曲柳、黄菠萝为主，间有红松、沙松、鱼鳞松等；草本有大叶樟、小叶樟、芦苇、莎草等。区内林草丰盛，地境幽僻，具有野生动物栖息繁殖的良好自然条件，这里的野生动物有150多种，其中珍贵动物有东北虎、马鹿、东北豹、猞猁、白鼬、紫貂等；鸟类有鹰、鹗、鸳鸯、雁、野鸡、啄木鸟等。保护区内禁止采伐、狩猎、垦殖、放牧和其他副业生产。

(4) 黑龙江七台河桃山湖国家湿地公园地处三江平原南部，七台河市境内。东至七台河市北岸新城，西至黑龙江倭肯河省级自然保护区，北至勃利县种畜场，南至仙洞山。公园沿倭肯河呈带状分布，四至界线基本上以山脊线分水岭、公路、水渠以及湿地和耕地分界线为界。公园规划建设面积2950hm²，其中湿地面积为2309.60hm²，占湿地公园总面积的78%，包括桃山水库、坝下倭肯河干流周边湿地、茄子河与桃山水库交汇区湿地等天然、人工湿地。黑龙江七台河桃山湖国家湿地公园总面积为2950hm²，其中湿地面积2309.60hm²，占湿地公园总面积的78%。湿地面积中，河流湿地233.62hm²，占10%；沼泽湿地132.66hm²，占6%；人工湿地1943.32hm²，占84%。

9.1.3 重要水利工程

9.1.3.1 水库工程

桃山水库（见文后彩图 31）是倭肯河干流上唯一一座水库，以城市工矿供水和防洪为主，兼顾灌溉的大（2）型水库，是黑龙江省三江平原重点治理工程之一，是解决七台河城市生活和工业用水、下段防洪和农田灌溉的综合利用水利枢纽。水库位于七台河市区北部的倭肯河上游，集水面积 2043km^2，水库一期设计标准为 100 年一遇洪水设计、2000 年一遇洪水校核，总库容 2.64 亿 m^3，城市工矿企业及居民生活供水日均 2300 万 m^3，使下游农堤防洪标准提高到 20 年一遇，七台河市城堤防洪标准提高到 100 年一遇。二期设计标准为 100 年一遇洪水设计，5000 年一遇洪水校核，水库二期工程已基本建设完成，城市工矿企业及居民生活供水日均 2606 万 m^3（不含一期供水），补偿下游灌溉面积 12.7 万亩（水田 11.5 万亩、菜田 1.2 万亩）。

9.1.3.2 堤防工程

倭肯河现有堤防长度 332.55km（左岸 186.79km、右岸 145.76km），其中七台河市本级段堤防 76.72km（左岸 34.27km、右岸 42.45km）、七台河市勃利县段堤防 89.85km（均为左岸），佳木斯市桦南县段堤防 74.73km（均为右岸）、哈尔滨市依兰县段堤防 91.25km（左岸 62.67km、右岸 28.58km）。

9.2 评价河段划分

倭肯河评价河段划分为河段Ⅰ、河段Ⅱ、河段Ⅲ，见表 9.2。划分标准综合考虑了地形地貌、水功能区划、行政区划、流域经济社会发展特征等因素：①倭肯河茄子河及以上河床较窄、河道坡降较陡，茄子河以下河床较宽、坡降逐渐变缓，考虑流域地形地貌，可将倭肯河划分为山区段和平原段 2 个河段；②倭肯河有 4 个水功能一级区，考虑不同区域的功能定位，可将倭肯河划分为源头—桃山水库库尾段、桃山水库库尾—长兴公路桥段、长兴公路桥—三道岗镇段、三道岗镇—入松花江河口段等 4 个河段；③倭肯河干流流经 6 个县级行政区，考虑河长管理范围，可将倭肯河分为七台河市桃山区段、七台河市新兴区段、七台河市茄子河区段、勃利县段、桦南县段、依兰县段等 6 个河段；④倭肯河流经的主要城镇有 4 个，其中七台河市以煤炭开采和煤化工为主、勃利县和桦南县以农业为主、依兰县以农业和新能源产业为主，考虑流域经济社会发展特征，可将倭肯河划分为七台河市区段、勃利县和桦南县段、依兰县段等 3 个河段。

表 9.2 倭肯河评价河段划分

评价河段	起点	终点	长度/km	长度占比/%
河段Ⅰ	倭肯河河源——七台河市勃利县北兴镇新田村	七台河市新兴区长兴乡马鞍村	157.23	44
河段Ⅱ	七台河市新兴区长兴乡马鞍村	桦南县公心集乡红旗村	91.35	25
河段Ⅲ	桦南县公心集乡红旗村	倭肯河入松花江口——依兰县依兰镇降龙屯	112.26	31

9.3 健康评价

9.3.1 水文水资源

9.3.1.1 生态流量满足程度

倭肯河干流仅有1处水文站（倭肯水文站）。有30年以上连续日径流量监测数据。2020年黑龙江省政府批复的《倭肯河生态流量保障方案》确定的倭肯断面生态流量目标值为汛期1.55m^3/s、非汛期1.13m^3/s。

倭肯河2022年汛期122天、非汛期122天、冰冻期122天，汛期、非汛期、冰冻期满足生态流量的天数均为122天；计算得出倭肯河生态流量满足程度赋分100分，评价河段Ⅰ～河段Ⅲ赋分均为100分。

9.3.1.2 河流纵向连通指数

倭肯河干流有6座拦河闸（坝），均无过鱼设施。按照评价河段划分，河段Ⅰ有桃山水库［大（2）型水库］1个，河段Ⅱ有龙梦闸（勃利县）、倭肯闸（勃利县）和大鲜闸（桦南县）3个，河段Ⅲ有学兴闸（依兰县）、三合闸（依兰县）2个。

经计算得出河流纵向连通指数：河段Ⅰ、河段Ⅱ、河段Ⅲ分别为0.73个/100km、2.91个/100km、1.56个/100km。河段Ⅰ、河段Ⅱ、河段Ⅲ赋分分别为31分、0分、0分。结果表明，未建过鱼设施的6座拦河闸坝对倭肯河水生生物纵向连通有不同程度的阻隔。

9.3.2 物理结构

9.3.2.1 岸带状况

岸带状况指标包含岸坡稳定性和岸带植被覆盖度两个评价因子，赋分权重分别为0.4和0.6，计算得出河段Ⅰ、河段Ⅱ、河段Ⅲ的岸带状况赋分分别为67分、60分、47分，见表9.3。

表 9.3 倭肯河岸带状况赋分

评价河段	评价因子	评价因子赋分	指标因子权重	河段赋分
河段Ⅰ	河岸稳定性	75	0.4	67
	岸带植被覆盖度	62	0.6	
河段Ⅱ	河岸稳定性	75	0.4	60
	岸带植被覆盖度	50	0.6	
河段Ⅲ	河岸稳定性	68	0.4	47
	岸带植被覆盖度	33	0.6	

两个评价因子通过不同方式获取数据：岸坡稳定性采用补充现场调查，岸带植被覆盖度采用 2020 年遥感解译。

（1）岸坡稳定性。倭肯河干流共布设 11 个监测点位，每个监测点位设置 11 个监测断面，共计 121 个监测断面。其中，河段Ⅰ有 5 个监测点位、55 个监测断面；河段Ⅱ有 3 个监测点位、33 个监测断面；河段Ⅲ有 3 个监测点位、33 个监测断面。计算得出倭肯河岸坡稳定性，河段Ⅰ、河段Ⅱ、河段Ⅲ赋分分别为 75 分、75 分、68 分。结果表明，河段Ⅰ岸坡基质多为黏土，且植被覆盖较高，虽岸坡平均高度达 1m 以上，岸坡平均倾角 15°，但岸坡仍处于基本稳定状态。河段Ⅱ岸坡基质多为砂石，岸坡平均高度不足 1m，岸坡平均倾角 18°，虽岸坡植被覆盖度低，但岸坡仍处于基本稳定状态。河段Ⅲ岸坡基质多为砂石，岸坡平均高度不足 1m，岸坡植被覆盖度低，其中依兰县城区段河岸硬性采用人工护砌，岸坡平均倾角达到 23°，岸坡处于不稳定状态。

（2）岸带植被覆盖度。以河湖管理范围作为岸带植被覆盖度监测范围。采用 2020 年 7—9 月 30m 分辨率的 Landsat 8 DLI 遥感影像数据源进行解译，计算得出倭肯河河段Ⅰ～河段Ⅲ的植被覆盖度分别为 56%、50%、33%，赋分分别为 62 分、50 分、33 分。结果表明，倭肯河岸带植被覆盖度自桃山水库以下呈降低趋势，进入七台河市区和依兰县段达到最低，见文后彩图 32。

9.3.2.2 天然湿地保留率

倭肯河湿地解译可用的遥感影像数据始于 1987 年，黑龙江省首次开展湿地普查是在 2015 年，本次评价以 2015 年数据作为解译标识，解译 1987 年和 2020 年湿地范围和面积，见文后彩图 33、文后彩图 34。经计算得出倭肯河流域河段Ⅰ～河段Ⅲ湿地保留率分别为 100%、70%、68%，河段Ⅰ～河段Ⅲ赋分分别为 100 分、48 分、47 分。结果表明，倭肯河桃山水库以下天然湿地保留较差，距历史水平还有 60%的差距。

9.3.3 水质

采用国控考核断面监测数据评价水质优劣程度，监测断面水质类别均为Ⅲ

类，经计算得出河段Ⅰ～河段Ⅲ水质优劣程度赋分分别为 70 分、74 分、78 分。倭肯河干流国控监测断面水体污染物浓度见图 9.1，倭肯河各监测断面水质优劣程度赋分见表 9.4。

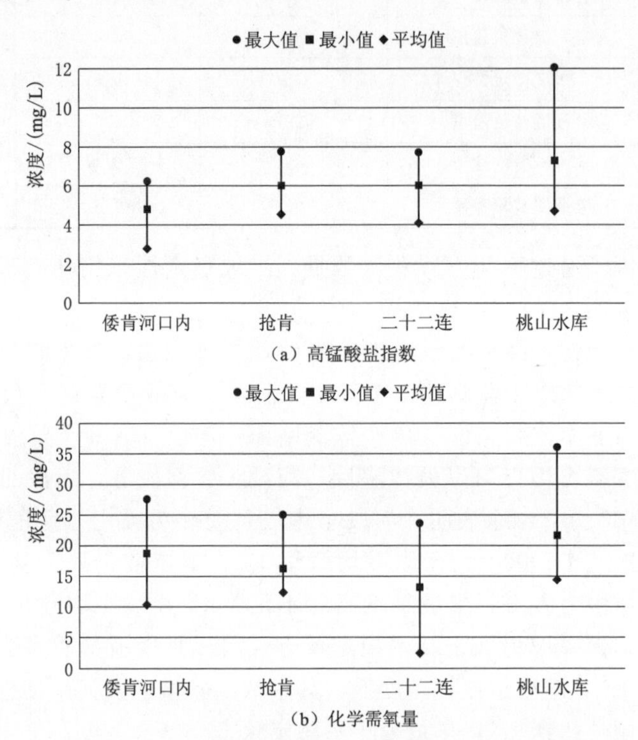

图 9.1 倭肯河干流国控监测断面水体污染物浓度

表 9.4 倭肯河各监测断面水质优劣程度赋分

监测断面	最差水质项目	赋分
二十二连	高锰酸盐指数	76
桃山水库	高锰酸盐指数	70
抢肯断面	高锰酸盐指数	74
倭肯河口内	化学需氧量	78

据 2020 年国控考核断面监测数据显示，倭肯河口内断面全年平均水质Ⅲ类、抢肯断面平均水质Ⅳ类、二十二连断面平均水质Ⅲ类、桃山水库断面平均水质Ⅳ类。

9.3.4 水生生物

9.3.4.1 大型底栖无脊椎动物生物完整性指数

大型底栖无脊椎动物现场采样监测布设 10 个监测断面。现场监测采集到大型底栖无脊椎动物14目31种，物种数量见图9.2。其中，水生昆虫14种、占45%，软体动物9种、占29%，水生环节动物5种、占16%，甲壳动物3种、占10%。

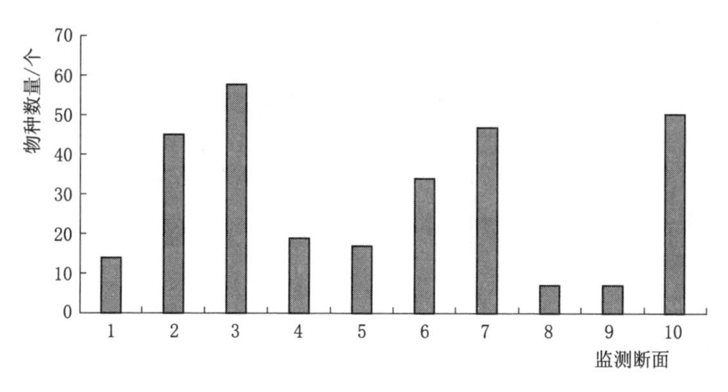

图9.2 监测断面大型底栖物种数量

经计算得出倭肯河河段Ⅰ～河段Ⅲ监测断面大型底栖动物生物完整性指数（B-IBI）及赋分分别是40、40分，74、74分、57、57分，见表9.5和文后彩图35。倭肯河大型底栖动物各样点完整性非常健康和健康的比例分别为10%和20%，亚健康、不健康和病态的比例分别为10%、40%和20%。结果表明，河段Ⅰ起始点和终点断面指数最低，桃山水库断面指数较高，虽然生物量多，但种类主要以耐污物种为主。桃山水库以下断面，指数逐渐升高，到七台河过渡区段达到最高，随后在依兰保留区内指数减少一半，倭肯河入松花江口处指数提升一倍。

表9.5 监测断面大型底栖动物生物完整性指数及赋分

评价河段	监测断面	B-IBI	赋分	河段赋分
河段Ⅰ	1	27.60	27.60	40
	2	40.20	40.20	
	3	66.40	66.40	
	4	25.20	25.20	
河段Ⅱ	5	43.00	43.00	74
	6	83.00	83.00	
	7	97.40	97.40	
河段Ⅲ	8	42.80	42.80	57
	9	41.40	41.40	
	10	86.20	86.20	

9.3.4.2 鱼类保有指数

经查阅资料及咨询专家后确认，倭肯河历史鱼类有10科47种，其中有雷氏七鳃鳗、哲罗鲑、怀头鲇等珍稀濒危冷水性鱼类。

布设10个监测断面开展鱼类现场专项调查监测。倭肯河共调查到7科35种鱼类，其中河段Ⅰ鱼类种类有7科29种、河段Ⅱ鱼类种类有3科13种、河段Ⅲ鱼类种类4科12种，见文后彩图36。鱼类指标采取的是整体评价方法，再综合所有监测断面调查到的鱼类种类，作为倭肯河现状鱼类的代表值。计算出倭肯河鱼类保有指数和赋分分别为74%、58分。结果表明，倭肯河鱼类种类呈现下降趋势，种类减少12种，25%左右，河段Ⅰ中桃山水库以上种类数量最多，河段Ⅲ鱼类种类最少。

9.3.5 社会服务功能

9.3.5.1 堤防工程达标率

倭肯河干流堤防长度332.55km，达到规划防洪标准203.54km，占61.2%，见表9.6。其中：河段Ⅰ堤防76.72km，达标41.43km，占54.3%；河段Ⅱ堤防127.8km，达标107.19km，占83.6%；河段Ⅲ堤防长度128km，达标73km，占58%。由于倭肯河上游桃山水库的防洪调节，七台河城市堤防由50年一遇提高到100年一遇，下游三个县农田堤防由不足20年一遇提高到30年一遇，河段Ⅱ、河段Ⅲ堤防实际防洪能力均达到设计防洪标准。经计算得出河段Ⅰ、河段Ⅱ、河段Ⅲ堤防工程达标率及赋分分别为54%、5分，100%、100分，100%，100分。结果表明，倭肯河七台河市桃山区段、新兴区段和、桦南县、勃利县段堤防工程全部达到防洪工程设计标准，未达标的堤防工程在七台河市茄子河区段。

表9.6 倭肯河堤防工程统计

河段	行政区	堤防名称	岸别	堤防长度/km	防洪标准		达到防洪设计标准堤防长度/km
					现状	规划	
河段Ⅰ	茄子河区	十六队东堤防	右	4.7	5～10	20	0
		十六队西堤防	右	5.2	5～10	20	0
		二十四队南堤防	右	5.1	5～10	20	0
		七队东堤防	左	2.3	5～10	20	0
		七队西堤防	左	1.7	5～10	20	0
		十队堤防	右	5.5	5～10	10	0
		二十三队堤防	左	10.5	5～10	20	0

续表

河段	行政区	堤防名称	岸别	堤防长度/km	防洪标准		达到防洪设计标准堤防长度/km
					现状	规划	
河段Ⅰ	桃山区	坝下左岸堤防	左	0.5	100	100	0.5
		万宝河右岸回水堤	左	0.6	100	100	0.6
		万宝河左岸回水堤	左	0.6	100	100	0.6
		桃山段堤防	左	5.4	100	100	5.4
		新兴段堤防	左	3.6	50	100	3.6
		新七台河左回水堤	左	1.4	50	100	1.4
		新七台河右回水堤	左	0.9	100	100	0.9
		挖金别河左回水堤	右	1.6	100	50	1.6
		挖金别河右回水堤	右	1.1	100	50	1.1
	新兴区	北岸段堤防	右	4.6	50	50	4.6
		二中段堤防	右	1.5	50	50	1.5
		红卫堤防	左	3.9	10	10	3.9
		中鲜堤防	左	1.8	10	10	1.8
		马鞍堤防	右	5.3	10	10	5.3
		柳毛河左回水堤	右	0.7	10	10	0.7
		柳毛河右回水堤	右	0.7	10	10	0.7
		长兴堤防	右	2.0	10	10	2.0
		方家沟左回水堤	右	0.5	10	10	0.5
		方家沟右回水堤	右	0.2	20	20	0.2
		东新堤防	右	3.6	20	20	3.6
		中鲜回水堤	左	1.2	10	10	1.2
合计				76.7			41.4
河段Ⅱ	七台河市勃利县	青山堤防	左	9.2	10	10	9.2
		中鲜沟左回水堤	左	1.1	10	10	1.1
		碾子河左回水堤	左	1.7	10	10	1.6
		碾子河右回水堤	左	1.6	10	10	1.6
		抢肯堤防	左	4.3	10	10	4.3
		大河西左回水堤	左	1.9	10	10	1.9
		大河西右回水堤	左	1.9	10	10	1.9
		金刚左回水堤	左	1.4	10	10	1.4
		金刚右回水堤	左	1.3	10	10	1.3

续表

河段	行政区	堤防名称	岸别	堤防长度/km	防洪标准		达到防洪设计标准堤防长度/km
					现状	规划	
河段Ⅱ	七台河市勃利县	连珠河左回水堤	左	0.8	10	10	0.8
		连珠河右回水堤	左	0.6	10	10	0.6
		杏树堤防	左	6.5	10	10	6.5
		地河子左回水堤	左	0.9	10	10	0.9
		地河子右回水堤	左	1.2	10	10	1.2
		倭肯堤防（上段）	左	2.5	10	10	2.5
		倭肯堤防（下段）	左	1.5	10	10	1.5
		吉兴河右回水堤	左	13.2	10	10	13.2
		吉兴河左回水堤	左	1.9	10	10	1.9
		吉兴堤防	左	13.2	10	10	13.2
		双河左回水堤	左	2.5	10	10	2.5
		双河右回水堤	左	1.6	10	10	1.6
		双河堤防	左	5.0	10	10	5.0
		金刚堤防	左	1.1	10	10	1.1
		东明堤防	左	2.5	10	10	2.5
		平安堤防	左	4.7	10	10	4.7
		恒太堤防	左	5.7	10	10	5.7
	佳木斯市桦南县	铁东堤防	右	15.7	10	10	15.7
		铁西堤防	右	20.9	5	10	0
		红旗堤防	右	1.4	10	10	1.4
合计				127.8			107.2
河段Ⅲ	哈尔滨市依兰县	倭肯河安兴堤防	左	14.0	5～10	20	0
		倭肯河新民堤防	左	9.7	5～10	20	0
		倭肯河堤防团山子三合上段	左	8.9	5～10	20	0
		倭肯河堤防团山子三合下段	左	2.4	10	10	2.4
		倭肯河堤防团山子	左	9.0	20	20	9.0
		倭肯河堤防团山子学兴段	左	17.0	20	20	17
		倭肯河平安段	左	1.7	20	20	1.7
		倭肯河吉祥堤防	右	4.3	5～10	20	0
		倭肯河全胜堤防	右	2.2	5～10	20	0
		倭肯河永泉堤防	右	2.0	5～10	20	0

续表

河段	行政区	堤防名称	岸别	堤防长度/km	防洪标准		达到防洪设计标准堤防长度/km
					现状	规划	
河段Ⅲ	哈尔滨市依兰县	倭肯河四新堤防	右	3.8	5～10	20	0
		倭肯河西安堤防	右	2.5	5～10	20	0
		倭肯河东兴堤防	右	3.6	5～10	20	0
		倭肯河西兴堤防	右	3.4	5～10	20	0
		依兰县城倭肯河回水堤	右	6.8	50	50	6.8
	佳木斯市桦南县	公心集堤防	右	12.6	10	10	12.6
		庆发堤防	右	14.7	10	10	14.7
	佳木斯市曙光农场	曙光农场堤防	右	9.4	20	20	9.4
合计				128.0			73.6

9.3.5.2 公众满意度

本次调查采用随机抽样（普通社会群众）的方式，向受访者发出 100 份问卷，收回有效问卷 100 份。采集了公众对倭肯河的防洪、岸线景观、水环境、水生态、亲水便民、管理等 6 个方面的满意程度，其中河段Ⅰ～河段Ⅲ分别为 35 份、30 份、35 份。计算得出河段Ⅰ～河段Ⅲ公众满意度赋分 51 分、57 分、63 分。将各评价项目分数折算成百分制，堤防工程 85 分、岸线景观 60 分、水环境 45 分、水生态 43 分、亲水便民 70 分、“四乱”清理后的生态恢复 80 分，见文后彩图 36。结果表明，公众不满意重点在水生态和水环境方面，主要反映在：①75%的受访者普遍认为倭肯河鱼类数量少且个头小、水鸟数量极少；②70%的受访者认为倭肯河的水量不足、河床大面积裸露；③40%的受访者认为倭肯河的水环境不理想，游玩后留下生活垃圾清理不及时，库区边有建筑垃圾，岸边水域时有绿色泡沫；④15%的受访者认为水质有所好转，但并未改善到水清岸绿景美的理想状态；⑤上游 47%的受访者反映桃山水库库区景观适宜度差，没有休闲娱乐场所，缺少水文化宣传。

9.3.5.3 入河排污口规范化程度

在入河排污口规范化建设方面，倭肯河 119 个入河排污口全部达到规范化建设标准，3 个评价河段均赋分 100 分。

9.3.5.4 取水口规范化管理程度

倭肯河干流取水口 18 个，其中河段Ⅰ取水口 10 个（规范化管理 7 个），河段Ⅱ取水口 5 个（规范化管理 1 个），河段Ⅲ取水口 3 个（规范化管理 2 个），见表 9.7。计算得出河段Ⅰ～河段Ⅲ的取水口规范化管理程度和赋分 70%、70 分，

60%、60 分，67%、67 分。结果表明，七台河市区、依兰县取水口管理较规范，并建立了较完善的取水口管理措施。北兴农场、桦南县、勃利县取水口存在取水口管理不规范现象。

表 9.7 倭肯河干流取水口规范化情况

河段	行政区	取水口名称	取水口规范化管理评价要素			
			取水许可证（有/无）	按审批水量范围取水（是/否）	安装监测计量设施（是/否）	监测计量设施正常运行（是/否）
河段Ⅰ	新兴区	长兴灌区取水口	有	是	是	是
	北兴农场	北兴农场四中心作业站-大东灌区取水口	有	是	否	—
	北兴农场	北兴农场十六作业站取水口	有	是	否	—
	北兴农场	北兴农场十七作业站取水口	有	是	否	—
	桃山区	宝泰隆新材料股份有限公司提水站取水口	有	是	是	是
	桃山区	隆鹏公司桃山水库取水口	有	是	是	是
	桃山区	热力公司提水站取水口	有	是	是	是
	桃山区	大唐发电提水站取水口	有	是	是	是
	茄子河区	德利电力有限公司提水站取水口	有	是	是	是
	桃山区	七台河胜科水务有限公司取水井	有	是	是	是
河段Ⅱ	勃利县	中鲜灌区杏鲜干渠取水口	有	是	是	是
	桦南县	大鲜进水闸取水口	有	是	是	是
	勃利县	倭肯灌区取水口	有	是	是	是
	桦南县	大吴家泵站取水口	有	是	否	—
	桦南县	中和泵站取水口	有	是	否	—
河段Ⅲ	依兰县	安兴拦河闸	有	是	否	—
	依兰县	三合渠首取水口	有	是	是	是
	依兰县	学兴渠首取水口	有	是	是	是

9.3.6 评价结果

对倭肯河的 5 个准则层 11 个评价指标进行逐级加权、综合赋分，结合河段赋分结果，计算得出倭肯河健康评价综合赋分 65 分，处于亚健康状态。11 项评价指标中：非常健康指标 2 项、占 18%，健康指标 2 项、占 18%，亚健康指标 5 项、占 45%，不健康指标 1 项、占 9%，劣态指标 1 项、占 9%。5 个准则层中：健康准则层 2 个、占 40%，亚健康准则层 3 个、占 60%，见表 9.8、图 9.3。

表 9.8　倭肯河健康评价指标赋分

目标层	准则层	指标层	指标层赋分	准则层赋分	河流健康赋分
河流健康	水文水资源	生态流量满足程度	100	57	65
		河流纵向连通指数	14		
	物理结构	岸带状况	59	65	
		天然湿地保留率	71		
	水质	水质优劣程度	75	75	
	水生生物	大型底栖无脊椎动物生物完整性指数	54	56	
		鱼类保有指数	58		
	社会服务功能	堤防工程达标率	58	71	
		公众满意度	56		
		入河排污口规范化建设率	100		
		取水口规范化管理率	67		

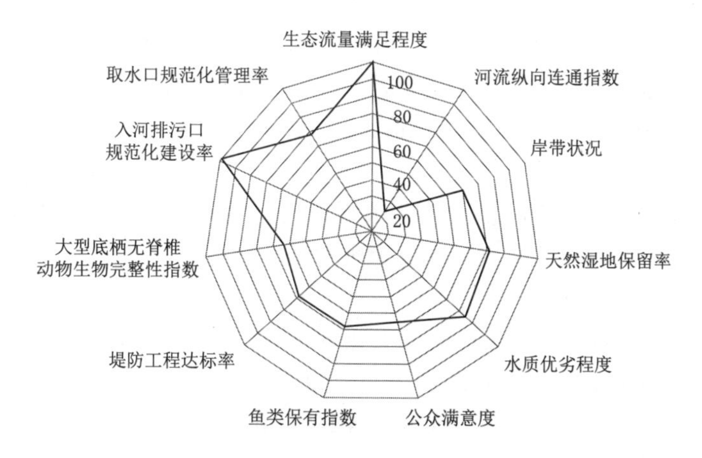

(a) 健康评价指标层赋分雷达

图 9.3（一）　倭肯河健康评价指标赋分

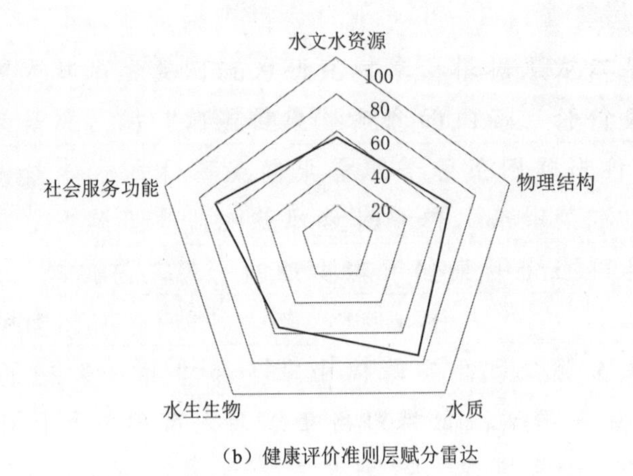

（b）健康评价准则层赋分雷达

图 9.3（二） 倭肯河健康评价指标赋分

9.4 河流健康整体特征

9.4.1 生态流量保障和管控不力

倭肯水文站监测断面流量达到黑龙江省政府批复的呼兰河生态流量目标值，但据现场调查及群众反映等情况，农田灌溉期桃山水库以下河段仍有断流发生。《倭肯河生态流量保障方案》采用“$Q_{95\%}$法”确定河流生态流量目标值，从方法原理上属于极限保障需求，缺乏维持河流系统净化能力生态需水量的考虑。比如，受桃山水库拦蓄水和 4—5 月农田灌溉泡田期用水量大的影响（倭肯河流域水稻泡田期用水量占全生育期的 40%～50%），桃山水库以下河段逐月日径流量在 4—5 月时段达不到生态流量目标值。

9.4.2 生物多样性受损

倭肯河水文形态改变、水文情势改变、污染物浓度居高不下等因素，导致了倭肯河水生生物多样性受损，主要表现在 3 个方面。

9.4.2.1 鱼类种群衰退

通过现场调查数据与 1985 年历史数据对比，倭肯河鱼类种类总数减少 12 种，达到 25%左右，保留的鱼类种类中对氮磷污染物耐受性较强的鱼类种群约占比重达到 60%。桃山水库及灌区拦河闸坝的修建运行造成桃山水库以下河段河流景观格局变化，库区内原有山地及丘陵生境破碎化、片段化，陆生动物被迫迁徙，洄游鱼类受阻隔，河流的纵向连通性受到很大程度上的破坏，不设鱼道的大坝是洄游鱼类致命的屏障。通过现场调查，未发现倭肯河历史上出现的具有短距离洄游特性的雷氏七鳃鳗、哲罗鱼、怀头鲇，且河段Ⅱ、河段Ⅲ对比河段Ⅰ均未发现狗鱼科、鳢科等种类。倭肯河每年4—9月河道内取水用于农田灌溉的水量占全年水资源开发利用总量的93%，在农田灌溉期时有断流发生。如2018年5月依兰县龙兰港附近发生断流、2021年7月倭肯河七台河市境内曾经生态水发生断流等。分析近年来倭肯水文站断面数据表明，2015年（平水年）和2017年（枯水年）实测月径流过程与天然月径流过程所存在的差异较大，流量过程变异程度分别为4.3和5.3，超出了0～0.1的合理范围。倭肯河水文情势的变化改变了河流生物群落的生长条件和规律，代表性的青鱼等鱼类种类已不见踪迹。倭肯河全年65次监测中超过Ⅴ类水体限值达到12次、劣Ⅴ类达到15次，其中总氮严重超标平均浓度达到1.92mg/L，对氮磷污染物耐受性较强的鲤科生存活跃，鲫和鲤在七台河市区段占比达到59%、勃利县和桦南县段占比高达到85%、依兰县段占比达到57%。适宜Ⅲ类水体以上较洁净水体的哲罗鱼、雷氏七鳃鳗、东北鳈、蛇鮈、长春鳊、花鱼骨、麦穗鱼、东北雅罗鱼、花斑副沙鳅、鳜等鱼类种类不见踪迹。

9.4.2.2 大型底栖无脊椎动物空间分布差异较大

倭肯河达到Ⅲ类水体河段累计99km，分布在新七台河口—倭肯河七台河勃利县交界（七台河市过渡区）、双河河口—头道河河口（依兰县保留区）、松木河口—松花江口（依兰县农业用水区），耐污能力极强的类群占比较小（7%），反映水体清洁的敏感类群占比36%，大型底栖无脊椎动物类群相对完整。其余河段中，大型底栖无脊椎动物类群完整性均有不同程度的缺失，其中倭肯河Ⅳ类水体河段累计121.43km，分布在吉兴河—双河河口（依兰县保留区）、头道河河口—松木河河口（依兰县农业用水区）、中心河河口—挖金别河河口（七台河市饮用和工业用水区），耐污极强的类群占比20%，未发现襀翅目、蜉蝣目等反映水体清洁的敏感类群；倭肯河Ⅴ类及劣Ⅴ类水体河段累计147.57km，分布在河源—中心河河口（勃利县源头水保护区）、挖金别河河口—柳毛河河口（七台河市排污控制区），受污染物浓度影响，颤蚓科、肋螺科等耐污类群为成为优势种，耐污极强的类群占比70%以上，未发现襀翅目、蜉蝣目等反映水体清洁的敏感类群。

9.4.2.3 岸带植被退化

受区域城镇化进程影响，上游七台河桃山区段和下游依兰县城镇段的河岸带地表硬质化。桃山水库对洪水的调蓄作用，使桃山水库以下河段的水文过程单一化，河岸带植被从上游到下游逐渐退化，上游七台河市区段、中游桦南县和勃利县段、下游依兰县段河岸带植被覆盖度分别为68%，50%、34%。河岸带植被覆盖度降低，导致植被生物群落多样性降低，使河床内部空间产生同质性，不能呈现河岸带复杂的地貌，在一定程度上对鱼类产卵场和栖息地产生破坏。

9.4.3 流域综合治理成效不稳定

倭肯河综合治理虽有成效，但水环境质量不稳定，仍有反弹的态势。2020年倭肯河源头水保护区（七台河市区）、七台河市饮用工业用水区（七台河市区）、依兰县保留区水质达标率分别是0%、0%、27%，低于国家年度考核目标80%。2020年国控考核断面监测数据显示，倭肯河口内断面全年平均水质Ⅲ类、抢肯断面平均水质Ⅳ类、二十二连断面平均水质Ⅲ类、桃山水库断面断面平均水质Ⅳ类。水环境质量不稳定主要表现在以下三个方面。

9.4.3.1 农业面源污染

倭肯河在依兰县、桦南县、新兴区、桃山区等县区境内河道管理范围内有农田46.79km²。每年5—6月灌区农田灌溉退水携带营养物质直接进入河流水体，6—8月主汛期坡耕地的水土流失携带营养物质进入河流水体，是直接导致倭肯河源头水保护区，倭肯河七台河市饮用、工业用水区，依兰县保留区的总磷、高锰酸盐指数在每年5—8月不同程度的超标的主要原因。

9.4.3.2 桃山水库阻隔

受桃山水库的阻隔，倭肯河水文形态和水文情势发生改变，污染物聚集在库区，库区水位深、流速慢，不利于污染物降解，上游水体营养物质不能向下游释放，是导致七台河市饮用、工业用水区水质全年出现3次Ⅴ类的主要原因。

9.4.3.3 4条支流超标水体汇入干流

倭肯河上游有茄子河、新七台河、老七台河3条Ⅴ类水体支流汇入，占上游河段流域面积的25%，支流污染来源于农业面源和农村生活污水直排，主要是氨氮超标；中游有碾子河1条Ⅳ类水体汇入，流量受上游九龙水库、通天水库和碾子河水库调控，11月至次年4月上旬水库蓄水期无下泄生态流量，枯水期河道来水主要是勃利县污水处理厂排水，再加上农业面源影响，造成了氨氮和总磷的超标。

9.4.3.4 水功能区监管不力

倭肯河流域水功能区和水环境控制单元监管标准不统一，同处于一个水功能区（依兰县保留区）的抢肯国控考核断面水质目标为Ⅳ类，倭肯水文站监测断面水质目标为Ⅲ类。勃利县源头水保护区、依兰县过渡区、依兰县农业用水区等水功能区均有2个监测断面，但仅对1处开展监测，七台河市过渡区有监测断面但未开展监测。

9.4.4 堤防工程仍有险工险段

倭肯河流域经济社会发展对防洪的要求比较高，特别是人口聚集，需要保护29.48万人口、60.48万亩耕地的防洪安全，防洪责任和压力非常大。多年来，倭肯河按照“蓄泄兼筹”治理方针，持续防洪体系工程建设，流域基本上构建了上游拦蓄洪水、中游蓄泄并重、下游扩大泄洪能力的蓄泄格局。但是倭肯河流域防洪体系仍有短板，堤防仍有险工险段，近5年发生160余处超过63km的堤防水毁，占堤防总长的18%，累计造成超过1.3亿元的经济损失。七台河市茄子河区的堤防工程达标率为0，发生洪涝灾害的风险依然存在。

9.4.5 涉水违规问题依然存在

倭肯河流域涉水管理突出问题主要有两方面。

9.4.5.1 农业灌溉取用水行为不规范，取水监测计量覆盖面不全

主要存在无监测计量设施、有监测计量设施未正常运行等不规范的取用行为，不符合《取水许可管理办法》（2017年）和《水资源管理监督检查办法（试行）》（2019年）的规定。主要是北兴农场的四中心作业站（大东灌区）、十六作业站和十七作业站、桦南县大吴家泵站、中和泵站、依兰县安兴拦河闸等取水口未安装监测计量设施等问题。

9.4.5.2 未按规定设立标志牌

七台河市第一污水处理厂、七台河市第二污水处理厂和依兰县污水处理厂的入河排污口未设立标志牌，不符合《排污许可管理条例》（2021年）的规定。

9.4.6 生态环境脆弱

倭肯河生态环境问题主要表现在两个方面。

9.4.6.1 湿地退化

倭肯河流域湿地面积由20世纪80年代的177km^{2}下降到2020年的140km^2，桃山水库下游（七台河市桃山区、新兴区、勃利县、依兰县、桦南县）湿地萎缩问题严重，2020年湿地面积为87.99km^2，与1987年相比退化了30%。严重破坏了野生动植物的生存环境，生物种群数量减少，分布区缩小，冠麻雀等珍稀水鸟在倭肯河流域不见踪迹。

9.4.6.2 水土流失

倭肯河流域森林覆盖率为38%，低于黑龙江省2020年森林覆盖率平均值47.3%。水土流失面积2854km^2，占流域面积的27%，水土流失以轻度水力侵蚀为主，且主要集中在2°～6°的坡耕地，坡耕地水土流失面积占水土流失总面积的83.7%。据倭肯水文站测定，平均每年河床抬高0.11m。在水土流失过程中，表层土壤携带营养物质以泥沙形式进入水体，推测水体的面源污染加大，是河流水体高锰酸盐指数、总磷等指标超标的主要原因。

第10章 茄子河健康评价

10.1 河流概况

10.1.1 自然状况

茄子河流域所在的茄子河区隶属于黑龙江省七台河市，位于七台河市东部，东与宝清县接壤，南与密山市、鸡东县交界，北与桦南县毗邻，茄子河区现辖5个街道办事处和4个乡（镇）（新富街道办事处、东风街道办事处、富强街道办事处、向阳街道办事处、龙湖街道办事处、茄子河镇、宏伟镇、铁山乡、中心河乡），面积1569.1km^2，人口15.6万人。

茄子河是倭肯河左岸一级支流，发源于那丹哈达岭北坡老头沟沟头，流经七台河市茄子河区铁山乡四新村、创新村、立新村、铁西村、红星村、铁山村、铁东村、新发村、茄子河镇正阳村、向阳村、朝阳村、中河村、富强村、东河村2个乡（镇）14个村，于茄子河镇东河村东南入桃山水库库区，桃山水库为倭肯河上水库。茄子河干流全长41km，流域面积404km^2，年径流量0.54亿m^3，弯曲系数2.2，平槽泄量30m^3/s，河槽平均宽度15m，河道平均比降1/230。

七台河市属于低山丘陵，整个地势东南高，西北低，形成东南向西北逐渐倾斜的狭长地形。上游山区占全流域面积的70%，下游开阔地只有30%。茄子河及以上为山区，丘陵台地多分布在河谷附近，自茄子河口—勃利镇一带为平原地区。

茄子河区境内河流水系由倭肯河和挠力河两大水系构成。西部地区为倭肯河水系，东部地区为挠力河水系。倭肯河水系主流为倭肯河，支流主要包括龙湖河、中心河、茄子河。挠力河水系主流为挠力河，支流主要包括大泥鳅河、小泥鳅河、岚峰河。

茄子河上游包括两条较大支流，均位于右岸，从上游至下游依次为小茄子河、乃泉河。详见表10.1。

表 10.1　　茄子河支流情况表

序号	支流名称	岸别	入河口位置	入河口位置坐标	源头	长度/km	流域面积/km²
1	小茄子河	右	铁西村东	东经 131°12′13.45″，北纬 45°44′05.75″	那丹哈达岭	11.30	31.53
2	乃泉河	右	五星村西南	东经 131°12′51.05″，北纬 45°44′43.45″	那丹哈达岭北坡杨木匣沟沟头	22.00	129.00

10.1.2　水文水资源状况

茄子河流域属于中温带大陆季风气候区，日照时间较长，多年平均日照时时为 2509h，4—9 月日照时间可达 1393h。夏季高温多雨，冬季干冷而漫长。根据历年气象资料统计，多年平均气温 2.7℃，最高气温出现在 7 月，月平均气温为 21.9℃，极端最高气温为 36.6℃，最低气温出现在 1 月，月平均气温为 －18.1℃，极端最低气温为－37.2℃。

多年平均降水量为 545mm，属于半干旱地带，降水大部分集中在 6—9 月，占全年降水量的 70%，尤其是 7—8 两个月雨量较为集中，约占全年降水量的 44%；春季 5—6 月降水量较少，仅占全年降水的 23%。因此，春季干旱频繁，秋季又多洪涝灾害。

初霜为 9 月中下旬，中霜为 5 月上中旬，无霜期为 147d。结冰期长达 150～180d，多年平均最大冻土深 2.20m，最大冻土深可达 2.53m。20cm 蒸发皿多年平均蒸发量为 1211mm，多年平均水面蒸发量为 702mm。

根据《2019 年七台河市水资源公报》，七台河市多年平均水资源总量为 8.36 亿 m³，其中地表水资源量 7.64 亿 m³，地下水资源量 2.56 亿 m³，重复计算量 1.84 亿 m³。2019 年全市水资源总量为 23.27 亿 m³，其中地表水资源量 22.07 亿 m³，地下水资源量 4.34 亿 m³，重复计算量 3.14 亿 m³。2019 年全市供水总量 2.95 亿 m³，其中地表水供水量 2.53 亿 m³，地下水供水量 0.42 亿 m³。2019 年全市各业实际用水量与实际供水量相当，为 2.95 亿 m³。在各业用水量中，农田灌溉用水量最大，为 2.054 亿 m³，占全市用水总量的 69.5%；全市工业用水量为 0.449 亿 m³，占全市用水总量的 15.3%；城镇公共用水量为 0.085 亿 m³，占全市用水总量的 3.1%；居民生活用水量为 0.242 亿 m³，占全市用水总量的 8.1%；林牧渔畜用水量为 0.111 亿 m³，占全市用水总量的 3.7%；生态环境补水用水量为 0.008 亿 m³，占全市用水总量的 0.3%。

10.1.3　重要水利工程

10.1.3.1　水库工程

茄子河流域内有 2 座小（Ⅰ）型水库，分别为四新水库和石龙山水库。茄子河流域水库情况详见表 10.2。

表 10.2 茄子河流域水库情况

序号	水库名称	所在村	所在河流	位置坐标	集水面积 /km²	总库容 /万 m³	防洪库容 /万 m³	兴利库容 /万 m³	主要任务
1	四新水库	四新村	茄子河	东经 131°05′14.11″，北纬 45°42′03.79″	59	454	238	166	防洪、灌溉、养殖
2	石龙山水库	五星村	乃泉河	东经 131°17′07.13″，北纬 45°41′56.03″	69	615	125	303	防洪、灌溉、养殖

10.1.3.2 堤防工程

茄子河干流堤防总长度 28.73km，工程情况见表 10.3。

表 10.3 茄子河堤防工程情况

河流	行政区	堤防名称	岸别	堤防长度 /km	防洪标准/年		达到防洪设计标准堤防长度/km
					规划	现状	
茄子河	茄子河区	茄子河上游段右岸堤防（红星 2）	右	4.1	10	5	0
		茄子河左岸堤防铁东段	左	3.78	10	5	0
		茄子河上游段左岸堤防	左	12.63	10	5	0
		茄子河上游段右岸堤防（四新 1）	右	8.22	10	5	0
合计				28.73			0

10.2 评价河段划分

综合考虑了地形地貌、行政区划、流域经济社会发展特征等因素，茄子河不作分段评价，其原因包括：①考虑七台河市茄子河流域地形地貌属于山区；②考虑七台河市茄子河只流经 1 个县级行政区（茄子河区）；③茄子河流经的茄子河区，主要以农业为主。综上，茄子河不做分段评价。

10.3 健康评价

10.3.1 水文水资源

10.3.1.1 生态流量满足程度

茄子河上无水位站，茄子河暂未编制生态流量保障方案与水量分配方案，无生态流量目标值。因此，茄子河属于无资料河流。按相关规定，对于无监测资料的河流，宜通过河流流量测量补充监测数据。但由于报告编制时间限制，采用补充监测获取的监测数据因为监测时间短而不具有代表性。因此，采用水文比拟法分别推算茄子河 2021 年日均流量和生态流量目标值。6—9 月生态流量目标值为 0.16m^3/s，4—5 月、10—11 月生态流量目标值为 0.06m^3/s，12 月至次年 3 月，来多少泄多少。推算结果形成《茄子河专项调查监测技术报告》。

计算得出茄子河生态流量满足程度为 86.89%，赋分 68 分。结果表明，茄子河 11 月有 5d 生态流量不满足目标值。

10.3.1.2 河流纵向连通指数

茄子河干流有 4 座拦河闸（坝），为四新水库大坝、铁西溢流坝、三铁溢流坝、三发溢流坝，均无过鱼设施。

经计算得出河流纵向连通指数：河段 9.76 个/100km、赋分 0 分。结果表明，未建过鱼设施的 4 座拦河闸坝对茄子河水生生物纵向连通有不同程度的阻隔。

10.3.2 物理结构

10.3.2.1 岸带状况

岸带状况指标包含岸坡稳定性和岸带植被覆盖度两个评价因子，赋分权重分别为 0.4 和 0.6，计算得出茄子河的岸带状况赋分为 80 分，见表 10.4。

表 10.4 茄子河干流岸带状况赋分

评价河段	评价因子	评价因子赋分	指标因子权重	河段赋分
茄子河	岸坡稳定性	74	0.4	80
	岸带植被覆盖度	84	0.6	

两个评价因子通过不同方式获取数据，岸坡稳定性采用补充现场调查，岸带植被覆盖度采用 2019 年遥感数据解译。

(1) 岸坡稳定性。茄子河干流共布设 3 个监测点位，每个监测点位设置 11 个监测断面，共计 33 个监测断面。经计算得出茄子河岸坡稳定性赋分为 74 分。茄子河岸坡基质主要为砂石和黏土，植被覆盖较高，河道冲刷强度较轻，岸坡平均高度为 0.8m，岸坡平均倾角为 40°，岸坡处于次不稳定状态。

(2) 岸带植被覆盖度。以河湖管理范围作为岸带植被覆盖度监测范围。采用 2019 年 9 月的陆地卫星、30m 分辨率的 Landsat8 OLI 遥感影像数据源进行解译，计算得出茄子河植被覆盖度为 68.06%。经计算得出茄子河茄子河植被覆盖度赋分为 84 分，植被覆盖度见文后彩图 37。

10.3.2.2 天然湿地保留率

茄子河湿地解译可用的遥感影像数据始于 1986 年，黑龙江省首次湿地普查在 2015 年，本次评价以 2015 年数据作为解译标识，解译 1986 年和 2019 年湿地范围和面积，见文后彩图 38、文后彩图 39。经计算得出茄子河流域湿地保留率为 73.77%，天然湿地保留率赋分为 53 分。结果表明，茄子河天然湿地保留较差，距历史水平有 26.23%的差距。

10.3.3 水质

采用河流断面监测数据来评价水质优劣程度，经计算得出茄子河水质优劣程度赋分为0分，其监测断面最差水质指标浓度变化见图10.1。结果表明，茄子河监测断面最差水质指标是化学需氧量，平均浓度为64.00mg/L，水质类别为劣Ⅴ类。

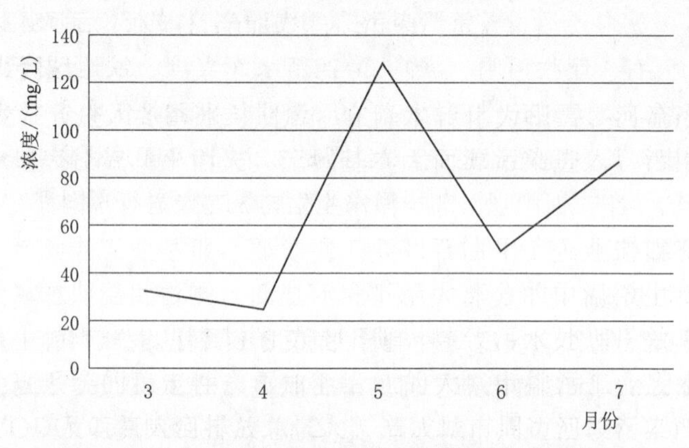

图10.1 茄子河监测断面最差水质指标浓度变化图

10.3.4 水生生物

10.3.4.1 大型底栖无脊椎动物生物完整性指数

大型底栖无脊椎动物现场采样监测布设4个监测断面，茄子河现场监测采集到大型底栖无脊椎动物为7目23种，物种数量见图10.2。其中，水生昆虫9种，占38.67%；软体动物6种，占18.98%；水生环节动物6种，占40.38%；甲壳动物2种，占1.97%。

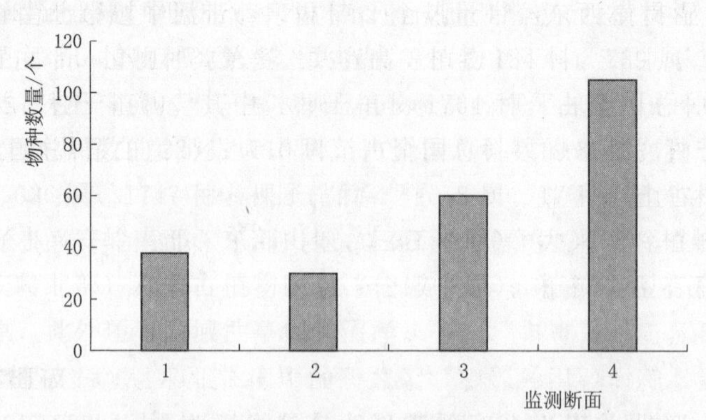

图10.2 监测断面大型底栖无脊椎动物物种数量

经计算得出茄子河大型底栖无脊椎动物生物完整性指数最佳期望值（B-IBI）为6，监测断面1、监测断面2、监测断面3、监测断面4大型底栖无脊椎动物生物完整性指数及赋分分别是2.12、35分，2.00、33分，4.69、78分，4.24、71分，见表10.5。茄子河大型底栖动物各样点完整性非常健康和健康的比例分别为0%和50%，亚健康、不健康和病态的比例分别为0%、0%和50%。结果表明，监测点2断面指数最低，监测点3断面指数最高。

表10.5　监测断面大型底栖动物生物完整性指数及赋分

监测断面	B-IBI	赋分
1	2.12	35
2	2.00	33
3	4.69	78
4	4.24	71

10.3.4.2 鱼类保有指数

经查阅资料及咨询专家后确认，茄子河历史鱼类有4科18种。

按相关规定，布设4个监测断面开展鱼类现场专项调查监测，茄子河共调查到4科13种鱼类。鱼类指标采取整体评价方法，综合所有监测断面调查到的鱼类种类，作为茄子河现状鱼类的代表值。计算出茄子河鱼类保有指数和赋分分别为72.22%、56分。结果表明，茄子河鱼类种类呈现下降趋势，种类减少5种，约27.78%左右。

10.3.5 社会服务功能

10.3.5.1 防洪指标

茄子河干流堤防总长度28.73km，达到规划防洪标准0km、占0，见表10.6。经计算得出茄子河干流堤防工程达标率及赋分为0、0分。结果表明，茄子河干流堤防未达到防洪设计标准。

表10.6　茄子河堤防工程统计

河流	行政区	堤防名称	岸别	堤防长度/km	防洪标准/年		达到防洪设计标准堤防长度/km
					规划	现状	
茄子河	茄子河区	茄子河上游段右岸堤防（红星2）	右	4.10	10	5	0
		茄子河左岸堤防铁东段	左	3.78	10	5	0
		茄子河上游段左岸堤防	左	12.63	10	5	0
		茄子河上游段右岸堤防（四新1）	右	8.22	10	5	0
合计				28.73			0

10.3.5.2 公众满意度

本次调查采用随机抽样（普通社会群众）的方式，向受访者发出40份问卷，收回有效问卷40份。采集了公众对茄子河的水资源、水景观、水质、水生生物、清“四乱”后生态恢复、亲水便民等6个方面满意程度，计算出茄子河公众满意度赋分89分。将各评价项目分数折算成百分制，水资源80分、水景观90分、水质100分、水生生物80分、清“四乱”清理后的生态恢复100分、亲水便民90分，见文后彩图40。结果表明，公众不满意重点在水景观和水生生物方面，主要反映在：①20%的受访者认为茄子河水量太少，部分河段河床裸露，铁西拦河闸以下水量骤减；②10%的受访者认为茄子河岸线景观较差，部分河段岸线不优美；③13%的受访者认为茄子河岸坡破损严重，上游部分河段岸坡冲刷严重，有坍塌现象；④13%的受访者认为茄子河的鱼类数量较少，且个头小、种类少；⑤20%的受访者认为茄子河的水生植物数量太少，很难见到大型水生植物；⑥13%的受访者认为茄子河水鸟数量太少。

10.3.5.3 入河排污口规范化建设率

茄子河干流有8个入河排污口，经计算得出入河排污口规范化建设率和赋分分别为100%，100分。茄子河干流入河排污口规范化管理情况见表10.7。

表10.7 茄子河干流入河排污口规范化管理情况

行政区	排污口名称	排污口规范化管理评价要素			
		竖立公式牌（是/否）	入河湖前设置明渠段或取样井或有监测（是/否）	重点排污口（是/否）	安装在线计量和视频监控设施
茄子河区	新铁煤矿矿井水入河排放口	是	是	否	—
	茄子河区铁山乡铁山村铁山污水处理厂排口	是	是	否	—
	四新村污水处理厂排污口	是	是	否	—
	铁山乡创新村村桥南侧河道左岸排口	是	是	否	—
	七台河市吉祥煤炭有限责任公司无烟煤矿一井东采区矿井水排放口	是	是	否	—
	七台河市吉祥煤炭有限责任公司无烟煤矿三井矿井水排放口	是	是	否	—
	七台河市吉祥煤炭有限责任公司无烟煤矿一井西采区矿井水排口	是	是	否	—
	茄子河区铁山乡四新村西南侧七台河市日盟矿业有限责任公司矿井水排放口	是	是	否	—

10.3.5.4 取水口规范化管理率

茄子河干流取水口4个，其中规范化管理4个，茄子河干流取水口规范化管理情况见表10.8。经计算得出取水口规范化管理率和赋分分别是100%、100分。结果表明，铁山乡铁中灌区铁西村取水口管理较规范，并建立了较完善的取水口管理措施。

表10.8　茄子河干流取水口规范化管理情况

河流	行政区	取水口名称	取水口规范化管理评价要素			
			取水许可证（有/无）	按审批水量范围取水（是/否）	安装监测计量设施（是/否）	监测计量设施正常运行（是/否）
茄子河	铁山乡	铁中灌区红星村取水口	有	是	是	是
		铁中灌区铁东村取水口	有	是	是	是
		铁中灌区新发村取水口	有	是	是	是
	茄子河镇	天时建茄子河取水口	有	是	是	是

10.3.6　评价结果

对茄子河的5个准则层11个评价指标进行逐级加权、综合赋分，结合河段赋分结果，计算得出茄子河健康评价综合赋分51分，处于不健康状态。11项评价指标中：非常健康指标2项、占18%，健康指标2项、占18%，亚健康指标2项、占18%，不健康指标2项、占18%，劣态指标3项、占27%。5个准则层中：健康准则层1个、占20%，亚健康准则层2个、占40%，劣态指标2项、占40%，见表10.9、图10.3。

表10.9　茄子河健康评价指标赋分

目标层	准则层	指标层	指标层赋分	准则层赋分	河流健康赋分
河流健康	水文水资源	生态流量满足程度	68	4	51
		河流纵向连通指数	0		
	物理结构	岸带状况	80	67	
		天然湿地保留率	53		
	水质	水质优劣程度	0	0	
	水生生物	大型底栖无脊椎动物生物完整性指数	54	55	
		鱼类保有指数	56		
	社会服务功能	堤防工程达标率	0	72	
		公众满意度	89		
		入河排污口规范化建设率	100		
		取水口规范化管理率	100		

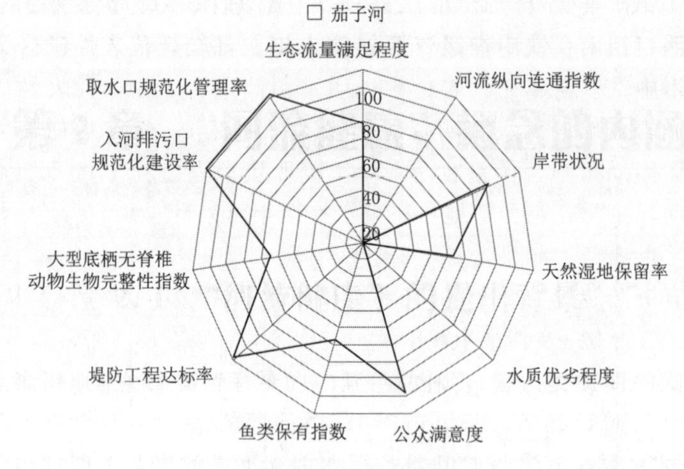

（a）健康评价指标层赋分雷达

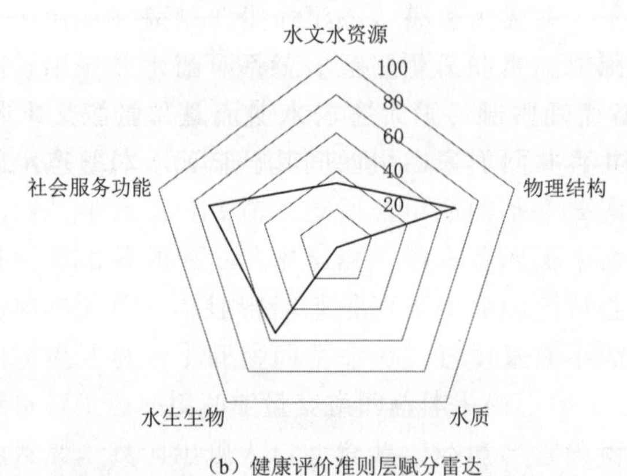

（b）健康评价准则层赋分雷达

图10.3 茄子河健康评价指标赋分

10.4 河流健康整体特征

10.4.1 堤防工程仍有险工险段

茄子河流域经济社会发展对防洪的要求比较高，特别是人口聚集，需要保护5.2万人口、9.4万亩耕地的防洪安全。但是茄子河流域防洪体系仍有短板，堤防仍有险工险段，茄子河流域防洪以堤防为主。茄子河现有堤防长度28.73km，全部未达到防洪设计标准，发生洪涝灾害的风险依然存在。

10.4.2 湿地萎缩

茄子河干流有水力联系的湿地面积，由1986年的14.83km^{2}下降到2019年的10.94km^2，萎缩了26.23%。

10.4.3 生物多样性受损

茄子河因水文形态改变、水文情势变化、污染物浓度高等因素，导致了水生生物多样性受损，主要表现在两个方面：①茄子河流域鱼类种类数量对比历史减少5种（从18种减少到13种）、减少了28%，四新水库大坝、铁西溢流坝、三铁溢流坝、三发溢流坝，未修建过鱼设施，阻隔鱼类的洄游；②大型底栖无脊椎动物空间分布差异较大，上游段大型底栖无脊椎动物完整性指数为2，中游段大型底栖无脊椎动物完整性指数为4.69，距离最佳期望值6还有67%～21%的差距。

10.4.4 水环境质量不稳定

从各项指标变化趋势来看，茄子河最差水质指标是化学需氧量，平均浓度为64.00mg/L，水质类别为劣Ⅴ类，主要表现在农业面源污染。茄子河每年5—6月农田灌溉退水携带营养物质直接进入河流水体，是直接导致茄子河化学需氧量超标的主要原因。

第11章 河湖健康管理

11.1 河流健康管理建议

加强黑龙江省河流生态保护和高质量发展，一体推进山水林田湖草沙冰系统治理，在全面评价剖析黑龙江省河流健康驱动因子的基础上，提出对策建议。

11.1.1 制定流域法律法规

加强流域综合管理和保护，推进流域生态环境保护和修复，促进资源合理高效利用，保障生态安全，实现人与自然和谐共生，制订和颁布实施与流域相适用的地方性法规和政策，规范水资源保护、河湖水域岸线管理保护、水污染防治、水环境治理、水生态修复，以及相关监督管理等活动。

11.1.2 强化流域水资源刚性约束

坚持以水定城、以水定地、以水定人、以水定产，建立水资源刚性约束指标体系，实施最严格的水资源管理制度，严格水资源论证和取水许可管理，合理优化配置流域水资源，提高用水效益和效率，强化生态流量管控，维护流域健康水生态。①严格按照《取水许可管理办法》（2017年）和《水资源管理监督检查办法（试行）》（2019年）的规定，强化取水口审批、计量设施安装及运行管理等规范化管理力度，重点完成取水口规范化整改提升；②从满足流域水资源保护和满足经济社会发展需求的角度，统筹开发利用和节约保护、经济社会发展与河流健康生命之间的关系，重点实施水库等控制工程的联合生态调度措施，提高河道生态环境需水满足程度，恢复河流基本健康；③分区分类实施生态流量目标保障与管控。根据河流生态系统特点，考虑生态环境功能、自净功能，分区分类确定基本生态流量和水库枯水期、生态敏感期等不同时段最小下泄生态流量和生态水位；④积极推进大中型灌区开展节水型灌区创建，完善农业灌溉基础设施，强化用水管理，进一步提高灌区灌溉水有效利用系数，推广节水灌溉技术，树立节水意识，提高农业用水效率。

11.1.3 加强流域生态系统保护和修复

牢固树立“绿水青山就是金山银山”理念，以推动森林、河流、湿地生态系统的综合整治和自然恢复为导向，进一步突出对流域珍稀和特有鱼类资源及其栖息地的保护和恢复，增强流域生物多样性维护、水土保持等生态功能。

11.1.3.1 开展生物多样性关键区保护示范工作

在生物多样性保护极重要区域，加快建立生物多样性监测网络，开展生物多样性关键区保护示范工作。修建必要的过鱼设施，建立经济鱼类和珍稀鱼类保护区，在水库、拦河闸坝下游形成自然繁殖场所，在鱼类繁殖期间，禁止渔业活动，根据《水生生物增殖放流管理规定》定期开展增殖放流，确保珍稀鱼类顺利繁殖。针对濒危鱼类进行有计划的增殖放流，同时引导民间规范放生，避免外来鱼类的入侵；采取有力措施，养护和恢复鱼类资源；实行禁渔制度，加大渔政管理力度，严厉打击私捕滥捞等违法违规行为。

11.1.3.2 高标准规划流域生态修复及水土流失综合治理

以小流域为单元，重点实施侵蚀沟、坡耕地水土流失治理及矿山生产引起滑坡泄流造成的水土流失治理，在持续降低流域水土流失侵蚀强度的同时，建设高标准农田，进一步减小坡耕地侵蚀面积，有效降低农田水土流失引发的氮磷等污染物入河。对碎片化的农地、废弃地实施“体质扩面”，造林绿化、生态修复。因地制宜打造生态清洁小流域，农村地区小流域结合国家重大水土保持工程，提高生态安全、生活富裕等方面保障水平；城市及其周边地区小流域着力构建生态优美、生活宜居的生态环境。

11.1.3.3 构建河流保护生态屏障

进一步提升河岸带植被的丰富度和河岸带植被覆盖程度，构建河流保护生态屏障。加快构建河岸带生态系统的监测体系，切实加强城市绿肺、绿道、绿环、绿轴建设，有效降低河岸带生态系统退化，为城镇河岸带生物群落提供良好的基础生存环境。

11.1.3.4 加快推进天然湿地恢复

有效提高涵养水源、保持生物多样性、调节地区气候的能力，以及改善候鸟栖息地生境。

11.1.4 加大水污染防治力度

坚持精准治污、科学治污、依法治污，突出系统谋划、综合施策，建管并重、标本兼治，盯紧水污染重点区域、重点问题、重点环节，实施流域综合治理，强化入河排污口、水功能区规范化管理，优化健全水环境质量监测体系，巩固提升流域水环境质量。

11.1.4.1 进一步巩固流域水污染治理成效，防止劣Ⅴ类水体反弹

进一步规范管理污水处理厂等排污企业污水达标排放。科学核定水环境容量，制定污水排放标准和排放量，加强入河排污口水质监测，按审批排污量排水，彻底解决冰封期水体自净能力不够引起的水质不达标问题。

11.1.4.2 持续推进农业“化肥农药科学合理使用”行动

落实农业水价综合改革、农业生态灌区建设，加快解决农田灌溉退水、村

镇生活污水直排入河流水体问题。

11.1.4.3 严格按照管理权限，加强水质保护管理

流域各行政区按照各自的管理权限，严格依据《水功能区监督管理办法》（2017年）的要求和《地表水资源质量评价技术规程》（SL 395）的规定，加强跨行政区域河流交接断面水质保护管理，规范和明确水环境保护管理责任，改善和提高水环境质量。

11.1.4.4 构建水生态环境监测体系

按照“科学监测、厘清责任、三水统筹”原则，进一步优化调整水环境质量监测点位布局，构建统一的水生态环境监测体系，加快推进流域水功能区和水环境控制单元整合，有效实现水环境质量监测网和水功能区监测网的“两网合一”。

11.1.4.5 建立河长制信息共享智慧管理体系

建立涵盖河流长名录、河流基础、水资源保护、水域岸线管理保护、执法监管、水污染防治、水环境治理、水生态修复等数据的河长制信息共享智慧管理体系，不断提高信息共享的信息化、数字化及安全保障水平，形成信息互联共享、各部门协同联动、社会参与的河流治理保护新格局。

11.1.5 补齐流域防洪工程体系短板

依据防洪规划持续推进流域防洪体系工程建设，加快中小河流整治项目实施进展，重点对有险工险段的河流堤防工程补短板。

11.2 河湖健康结果展示

黑龙江省通过引入河湖“健康宝”应用程序，为河湖建立了电子健康档案，方便公众和河湖管护人员通过扫描河湖二维码，获取河湖基本信息、健康状况、健康档案等内容。河湖健康档案主要依托河湖长制信息化平台，体现河湖健康评价结果的动态更新以及指标数据管理，突出数字化、信息化、简洁性和系统性，便于各级河湖长快速掌握河流湖泊水库等各方面信息，以及各职能管理部门沟通信息。

11.3 河流健康管理典型案例——倭肯河治理

11.3.1 倭肯河综合治理

自2019年起，倭肯河流域沿岸各地先后实施了干流、重点支流综合治理，一定程度解决了流域水污染和水生态破坏等问题。

11.3.1.1 治理情况

(1) 七台河市实施干流综合治理。先后启动了七台河市桃山湖生态环保水利综合治理、七台河市山水林田湖草生态保护修复等倭肯河干流综合治理项目，实施了桃山湖水治理工程、七台河市城区下游段生态保护与修复、七台河市城区段南岸生态保护与修复等治理任务，常态化开展重点河流点位、重点排污口监测等水环境监督管理，建立了重点河流监测断面数据向市政府报告、污染指标及存在污染问题预警制度以及发布《七台河市倭肯河流域保护条例》等污染防治机制。重点解决倭肯河干流桃山水库以下城区段两岸的面源及点源污染物入河、湿地退化、河道淤积等问题。

(2) 中下游三县联动实施综合治理。勃利县、桦南县政府投资对污水处理厂进行提能提标扩建。桦南县就农业面源污染和畜禽养殖污染问题提出明确规定，并加大八虎力河上游向阳山水库生态放流力度。依兰县政府加大对农业"三减"的工作力度，农药瓶全部进行了集中无害化处理。为确保倭肯河水质安全，依兰县政府还实施污水处理厂二期改扩建工程项目。

11.3.1.2 主要经验做法

2018年，抢肯断面氨氮超标，成为全省62个国控考核断面中唯一的劣Ⅴ类水体，也因此导致2018年黑龙江省未完成消灭劣Ⅴ类水体的目标。2019年第一季度，七台河市倭肯河出境断面（抢肯断面）氨氮出现持续超标情况，超标倍数约为正常的2.3倍，倭肯河干流呈现为劣Ⅴ类水质。七台河市为深入贯彻落实国家、省委、省政府关于坚决消除劣Ⅴ类水体的决策部署，按照黑龙江省总河湖长会议、黑龙江省生态环境厅专项调研精神和七台河市委九届第55次常委会（扩大）会议要求，切实推动倭肯河污染防治攻坚战，坚持"标本兼治"原则，全面消除劣Ⅴ类水体。为实现到2019年年底倭肯河干支流全面消除劣Ⅴ类水体，到2020年实现国考断面达标（Ⅳ类）的治理目标，七台河市制定了《七台河市倭肯河污染综合治理攻坚战实施方案》，并实施了一系列综合治理工程。2019年七台河市地表水环境改善明显，倭肯河消除劣Ⅴ类水体。国务院办公厅发布关于对2019年落实有关重大政策措施真抓实干成效明显地方予以督查激励的通报，对213个地方予以督查激励，相应采取30项奖励支持措施。其中，七台河市因环境治理工程项目推进快，重点区域大气、重点流域水环境质量明显改善受国务院督查激励。

(1) 七台河市深入开展倭肯河流域水污染防治，推进水质持续改善。经过综合治理，2019年年底，倭肯河上游水体摘掉了劣Ⅴ类的帽子。2020年年底3个地表水国家控制断面全部达到目标要求，且倭肯河口内断面达到Ⅲ类水质，抢垦断面也接近Ⅲ类水质，消灭了万宝河黑臭水体，完成了消除劣Ⅴ类水体的工作目标，城市黑臭水体率为0。省级生态补偿财政资金扣缴数额由2018年

1235.2万元下降至2020年200万元，8月首次获得补偿100万元。具体措施如下：①聘请专家把脉“会诊”。多次邀请哈尔滨工业大学专家来七台河市帮助分析研判水污染防治形势、下步努力方向及工作举措，3次专程到黑龙江省生态环境厅请示汇报工作推进中的难题，在专家和黑龙江省生态环境厅的指导下科学精准治污；②持续推进污水处理提标提能。通过提标提能，第一污水处理厂处理能力提升15%，出水水质达到Ⅲ类以上；③继续推进实施了生态放流工作。科学确定重要河湖生态流量，统筹生活生产生态用水，保障河湖基本生态水量。3月以来共实施生态放流5000余万 m^3，极大改善了流域水质和水生态环境状况；④实施了加密监测和监督管理。开展全流域水质监测，坚持每周开展倭肯河重点断面水质监测。定期对污水处理厂、医疗机构污水进行监测，加强对污水处理设施运行情况监督检查，每周监督监测1次，企业每日监测1次，严防水质超标；⑤开展粪污处理设施配套建设。采取大中小养殖场分类指导等有效措施，推广了干湿分离、厌氧发酵、堆肥还田等三种粪污处理模式，建立台账，做到“一场一档”“一场一策”，全市规模化养殖场设备配套率实现100%；⑥加快补齐基础设施建设。大力推进城乡结合部污水管网工程、市区雨污分流工程、勃利县污水处理厂扩建工程、乡镇屯污水收集处理设施建设，有效提高了截污和污水处理能力；⑦在治污的同时，七台河市还实施了城区段生态保护与修复工程、倭肯河生态环保防洪综合整治工程。城区段已清淤203.9万 m^3，清理煤矸石、煤泥66.8万 m^3，回填种植土52.9万 m^3，整理绿化用地159.6万 m^2，栽种乔灌木22400棵，完成地被种植18.6万 m^2，开展生态修复面积达660多 hm^2，实现河畅、水清、岸绿、景美的目标。实施“倭肯河流域七台河段破损山体生态修复工程”。9处曾经采石废弃的坑体，如今变成长满小树苗的山坡，回填共耗费260多万 m^3 土。项目计划恢复治理历史遗留破损山体、取土坑等107处，已完成100处；计划恢复治理面积306.6hm^2，已完成修复治理面积289hm^2；栽植乔木42万株、灌木336万株。

（2）佳木斯市推进河湖生态修复和保护，切实改善河湖生态环境。强化山水林田湖草系统治理，推进水环境自然修复保护，有效涵养水源空间。①全面推进15度以上坡地退耕还林还草。成立市级工作领导小组，建立工作专班，对桦南县、桦川县、富锦市、汤原县、郊区5个县（市）区分别下发“一县一单”，督导推进相关。截至10月20日，通过签订退耕协议的方式全面完成退耕任务，工作进度在全省处于前列；②做好水土流失治理。划定防止水土流失禁止活动范围并公告，完成城市绿化、四丰山水库周边植树种草项目投资300余万元，启动四丰山水库上游清洁小流域综合治理工程，积极推进水土流失专项治理。被列为侵蚀沟综合治理项目县的桦南县、桦川县、汤原县治理工程完成年度任务目标，目前整体进度达到80%以上。完成2020年度全市生态建设任务

指导性指标 $4km^2$，积极谋划小微型治理项目，多角度谋划推进水土保持治理工作；③狠抓支流治理。倭肯河桦南县段污染根源来自支流八虎力河。过去，桦南县污水处理能力不足，辖区内北大荒集团曙光农场、龙江森工集团桦南林业局污水处理不达标，八虎力河成了主要纳污河流。经过提升改造污水处理厂，这两个企业污水厂提能提标，解决污水直排问题。另外，县里扩建了污水处理厂，日处理能力由 1.5 万 t 提升到 3 万 t，实现县城污水一口排放。桦南县城区污水管网已实现全覆盖、全收集，处理率达到 85%以上。通过省重点断面监测数据显示，氨氮平均数据已满足三类水体的水质标准要求。针对农业面源污染和畜禽养殖污染问题，桦南县出台规定，河湖沿岸 1000m 之内禁止堆放垃圾；八虎力河沿岸 1000m 之内禁止养殖、放牧，对已有养殖场实施限期搬迁。桦南县还采取加大生态放流的方式消减八虎力河污染压力。八虎力河上游水库向阳山水库日平均流量由 $0.5m^3/s$ 增加到 $2.5m^3/s$，使八虎力河焕发了生机。

（3）哈尔滨市强化综合整治，抓实污染防治。以水生态环境质量改善为核心，对城区 46 条重点水系沿线垃圾、违建、畜禽养殖、涉水点源和农业面源等进行综合整治，整治点位 2102 处，建成城镇污水处理、污水截流等工程 33 个，城区水系环境明显改观，群众获得感显著提升。依兰县政府在倡导少用农药、化肥、除草剂的同时，加大农药包装废弃物回收力度。全县 2020 年回收农药包装废弃物 84.54t（约 170 多万个农药瓶），全部进行了集中无害化处理。在团山子乡一处农药包装废弃物回收站，从回收到处置已经形成了产业链，回收后的农药包装废弃物交由具有资质的环保企业进行集中无害化处理。为确保倭肯河水质安全，依兰县政府对污水处理厂进行二期改扩建，建设规模由一期工程日处理量 1 万 t 提升至 2 万 t，出水标准由一期工程的国家一级 B 提升至一级 A。倭肯河依兰县农业开发利用区水质全面提升，2020 年下半年，水质达到Ⅲ类及以上。

11.3.2 倭肯河流域河湖管理

在了解掌握倭肯河水污染综合治理现状情况基础上，黑龙江省水利科学研究院倭肯河健康评价工作组，于 2021 年 7—8 月期间，赶赴倭肯河流经的七台河市区、勃利县、桦南县、依兰县，与地方河湖长制办公室有关人员进行了座谈，并查阅了有关河湖长制管理工作的资料，重点从河湖长制工作涉及的水资源保护、水域岸线管理保护、水污染防治、水环境治理、水生态修复、执法监管等河湖长制 6 个方面入手，对河湖管理保护体制机制、联合执法、存在问题等方面展开调研，经分析整理形成倭肯河管理保护现状情况调研报告，作为倭肯河健康评价工作剖析问题的依据。

11.3.2.1 河湖管理保护体制机制初步建立

（1）构建了“行政河长＋”组织体系，强化责任担当。倭肯河流域构建

“河长+河道警长+检察长”的“三长”责任体系，依兰县在“三长”基础上，增加了流域队长，形成“四长”责任体系。七台河市共设立市、县、乡、村四级河湖长566名，配备市、县、乡三级“河道警长”42名。佳木斯市设置河湖警长189名，河湖检察长11名，设立检察院驻河湖长办协调联络室。哈尔滨市共设立市级河湖长10人、县级河湖长165人、乡级河湖长1081人、村级河湖长2732人，河道警长237人，实现管护责任主体全覆盖。流域各行政区积极推进“行政河长+”管理模式，积极引导公众参与河湖管理保护，七台河市聘请河长制社会义务监督员60人；佳木斯市组建小河长、企业河长等多形式民间护河队伍；哈尔滨市设立民间河湖长154人，拥有河湖志愿者1135人，聘请巡河护河员2128人，群众广泛参与河湖管理保护。

（2）建立了倭肯河流域联防联控机制，强化跨区域协作。七台河市作为倭肯河联防联控牵头方，与佳木斯市和哈尔滨市联合印发《倭肯河流域联防联控合作方案》；七台河市、佳木斯市和哈尔滨市的倭肯河市级河长联合签署《倭肯河联防联控合作协议》；加强倭肯河流域唯一一处地市交界的国控监测断面（即抢肯断面）的水质监测工作，七台河市和依兰县生态环境局定期对断面及上下游水质进行监测，该处国控断面水质为Ⅳ类，满足要求。如出现水质不达标情况，七台河市将第一时间分析污染来源和责任，跟踪核实相关情况，及时进行处理；制定了《倭肯河流域生态流量保障方案》。

（3）完善了河湖长制工作制度和河湖管护制度，强化履职尽责。倭肯河流域流经的行政区，在河湖长制“六项制度”基础上，均创新出台了河湖长制举报受理、河湖长巡查、工作督办制度，细化河湖长制工作流程，捋顺工作机制，强化河长履职尽责。七台河市市级河长带头各级河长一年共计巡查倭肯河及其支流9000余次，召开推进会30余次，解决实际问题400余个。佳木斯市桦南县严格执行倭肯河县乡村三级河湖长定期巡河工作制度，开展“清四乱”专项行动“回头看”，制订印发了《桦南县2020年河湖“清四乱”“回头看”实施方案》《桦南县河湖长履职细则》《调整全县河湖管理范围种植结构的通知》，排查发现“四乱”问题，其中3个已销号。

（4）基本健全专门的巡查和保洁队伍，强化流域管护网格化。七台河市配齐倭肯河保洁队伍，佳木斯市聘请巡河护河员、保洁员2008名，依兰县设立倭肯河服务中队和综合巡查中队，按人划段落实日常巡查、管护责任设置，建立巡查日志和台账制度，流域服务中队和巡查中队对巡查发现的问题，全面建立巡查日志，能够当场解决处理的要立即解决，不能当场处理的要全面建立问题台账，交由县河湖长办以“一地一单”的方式，向问题所在乡镇下发河湖长工作任务，确保问题能够全部解决到位。定期组织开展相关业务知识和法律法规学习培训，佳木斯市发放《河道保洁员工作手册》500册，对巡河员、护河员、保洁员进行培训，累计培训1000余人次。

11.3.2.2 联合执法工作有成效

对工业企业生产排放不稳定、医疗废水排放不规范等突出问题，强化监察，联合执法，应急处置，停产整顿，限期安装自动监测设备。

(1) 七台河市联合市城管、林业部门依法拆除万宝河上游侵占河道违建9处；协助市水务部门依法关闭填埋辖区自备水源井31眼；倭肯河新兴区段进行联合执法，共拆除违章建筑15处，拆除违建厕所5个，拆除违建栅栏3000余m。各级水务部门联合公安、检察等部门开展“亮剑护河”综合执法行动。全年共办理涉水案件2起，责令停止违法行为27个，清理水源地农业种植4hm^2。

(2) 佳木斯开展“亮剑护河”行动，共立案70起（件），其中行政立案30起，侦办刑事案件10起，涉河湖公益诉讼立案30件，巡查河流463条、巡查湖泊89个、巡查河道长度16959.939km，出动执法人员4001次、出动执法船艇3航次、出动执法车辆1213台次、现场制止违法行为153个，取缔非法采砂点6个，清理垃圾3万m^3，拆除违建9722m^2，有效打击了涉河湖违法犯罪行为。司法治理与行政治理深度融合，摸排“涉河湖”领域公益诉讼案件线索24件，提出行政公益诉讼诉前检察建议7件，提起刑事附带民事公益诉讼案件6件，判决赔偿生态环境修复费用94920元。河湖警长制不断深化完善，2020年公安机关共侦办涉河湖刑事案件12起，查处行政案件1起，其中非法捕捞水产品案件11起，非法采矿案1起，非法筑堤行政案件1起，共抓获31名犯罪嫌疑人，行政违法人员1人，没收船只10艘，渔网23片、约2000余m，涉案金额35万余元。

(3) 哈尔滨开展“亮剑护河”“渔政亮剑2020”“河湖违法采砂”等执法专项行动，严厉打击非法采砂、非法捕捞等涉河湖违法犯罪，累计巡查河湖461次、巡查河道1.5万km、现场制止违法行为168个，立案110起、查处违法人员54人、行政处罚罚款32.25万元，形成有力震慑。

11.3.3 倭肯河治理取得的成效

倭肯河健康状态由劣态（2018年）转变为亚健康（2022年），河流治理和保护取得显著成效。倭肯河被七台河市看作母亲河，2019年4月，生态环境部通报：一季度，国控倭肯河七台河市出境断面监测显示，污染严重超标，被确定为劣Ⅴ类水体。此事引起了黑龙江省委、省政府高度重视，位于倭肯河上游的七台河市被黑龙江省政府约谈；下游的勃利县、桦南县、依兰县被黑龙江省生态环境厅一一约谈。

为了治理倭肯河，七台河市从污水源头入手，不仅大力提升污水厂处理容量，还持续提升生活污水处理标准。政府积极督导工厂建立内部污水处理装置，循环工业用水，积极建设河流景观区域。截至 2019 年年底，生态环境部和黑龙江省生态环境厅监测，倭肯河主要水质指标均显著下降，达到Ⅳ类水控制要求。一年时间倭肯河由污变清，让七台河市成为全国大气、河流治理成效显著的 5 个城市之一，受到国务院督查激励，获得奖金 4000 万元。

参 考 文 献

[1] Karr JR. Defining and measuring river health [J]. Freshwater biology，1999，41 (2)：221 - 234.

[2] Schofield N J，Davies P E. Measuring the health of our rivers. Water，1996，23：39 - 43.

[3] Simpson J，Norris R，Barmuta L. AusRivAS - national river health program. User Manual Website Version，1999.

[4] Costanza R，Norton B G，Haskell B D. Ecosystem health：new goals for environmental management [J]. Ecosystem Health New Goals for Environmental Management，1992.

[5] Meyer J L. Stream health：incorporating the human dimension to advance stream ecology. Journal of the North American Benthological Society，1997，16 (2)：439 - 447.

[6] 刘昌明，刘晓燕 . Healthy River：Essence and Indicators 河流健康理论初探 [J]. 地理学报，2008，63 (7)：683 - 692.

[7] Vugteveen P，Leuven R S E W，Huijbregts M A J，et al. Redefinition and elaboration of river ecosystem health：perspective for river management [J]. Living Rivers：Trends and Challenges in Science and Management，2006：289 - 308.

[8] 李国英. 黄河治理的终极目标是“维持黄河健康生命” [J]. 人民黄河，2004，(1)：1 - 2，46.

[9] 董哲仁. 河流健康的内涵 [J]. 中国水利，2005，(4)：15 - 18.

[10] 刘恒，涂敏. 对国外河流健康问题的初步认识 [J]. 中国水利，2005，(4)：19 - 22.

[11] 杨文慧，严忠民，吴建华. 河流健康评价的研究进展 [J]. 河海大学学报（自然科学版），2005 (6)：5 - 9.

[12] 赵彦伟，杨志峰. 河流健康：概念、评价方法与方向 [J]. 地理科学，2005 (1)：119 - 124.

[13] 文伏波，韩其为，许炯心，等. 河流健康的定义与内涵 [J]. 水科学进展，2007 (1)：140 - 150.

[14] 吴阿娜，车越，杨凯. 基于内容分析法的河流健康内涵及表征 [J]. 长江流域资源与环境，2008，(6)：932 - 938.

[15] 冯文娟，李海英，徐力刚，等. 河流健康评价：内涵、指标、方法与尺度问题探讨 [J]. 灌溉排水学报，2015，34 (3)：34 - 39.

[16] 高凡，蓝利，黄强. 变化环境下河流健康评价研究进展 [J]. 水利水电科技进展，2017，37 (6)：81 - 87.

[17] 王彬彬. 松花江源头流域水文水质变化格局及河流健康 [D]. 哈尔滨：东北林业大学，2023.

[18] 宋聃，都雪，王乐，等. 应用大型底栖动物完整性指数评价呼兰河的生态健康状况 [J]. 水产学杂志，2023，36 (5)：100 - 111.

[19] 陈红，陆志华，李涛，等. 太湖健康评价指标体系演变与评价实践 [J]. 中国水利，

2023 (19): 62-67.

[20] 宫远乔，刘莹，李铁男，等. 基于改进 AHP-模糊综合评价的河湖健康评价研究——以哈尔滨市阿什河为例 [J]. 环境科学与管理，2023，48 (8): 183-188.

[21] 张祖鹏，张泽贤，刘思远，等. 太湖流域河流健康评价指标体系研究及应用 [J]. 人民长江，2023，54 (11): 8-15.

[22] 陆威妤，刘博，苏晓鹭，等. 基于 ESG 理念的河流健康评价体系构建 [J]. 人民长江，2023，54 (6): 34-40.

[23] 古小超，王子璐，赵兴华，等. 河流生态环境健康评价技术体系构建及应用 [J]. 中国环境监测，2023，39 (3): 87-98.

[24] 李文晶. 北方河流生态健康水平评价及综合整治方案研究 [D]. 郑州：华北水利水电大学，2022.

[25] 樊国华. 浙江省长兴县长兴港河流健康评价研究 [D]. 北京：华北电力大学，2022.

[26] 余彬境. 面向河流健康的区域水资源优化调控研究——以永定河廊坊段为例 [D]. 重庆：重庆交通大学，2022.

[27] 邹渝，胡佳祥，刘浩翔，等. 黄河上游白河流域水生生物河流健康评价 [J]. 四川水利，2022，43 (3): 92-95.

[28] 曾雯禹. 基于 AHP-熵权法和物元可拓模型的倭肯河干流健康评价研究 [D]. 哈尔滨：黑龙江大学，2021.

[29] 石国栋. 渭河陕西河段健康评价及生态需水分析 [D]. 西安：西安理工大学，2021.

[30] 郎劢贤，刘卓，孟博. 复苏河湖生态环境 实现河湖功能永续利用 [J]. 水利发展研究，2021，21 (9): 15-17.

[31] 王晓刚，王竑，李云，等. 我国河湖健康评价实践与探索 [J]. 中国水利，2021 (23): 25-27.

[32] 谢忱，付健，陈健，等. 河湖健康监测诊断与修复 [J]. 中国水利，2020 (20): 8-10.

[33] 刘六宴，李云，王晓刚.《河湖健康评价指南（试行）》出台背景和目的意义 [J]. 中国水利，2020 (20): 1-3.

[34] 魏春凤. 松花江干流河流健康评价研究 [D]. 哈尔滨：中国科学院大学（中国科学院东北地理与农业生态研究所），2019.

[35] 张利平，李凌程，夏军，等. 气候波动和人类活动对滦河流域径流变化的定量影响分析 [J]. 自然资源学报，2015 (4): 9.

[36] 战培荣，刘伟，郝兵兵，等. 松花江渔业生态环境特征与质量评价 [J]. 安全与环境学报，2015，15 (2): 359-364.

[37] 山成菊，董增川，樊孔明，等. 组合赋权法在河流健康评价权重计算中的应用 [J]. 河海大学学报（自然科学版），2012，40 (6): 622-628.

[38] 方庆，董增川，刘晨，等. 基于景观格局的区域生态系统健康评价——以栾河流域行政区为例 [J]. 南水北调与水利科技，2012，10 (63): 37-41.

[39] 徐明德，曹露，何娟，等. 基于GIS的生态环境脆弱性模糊综合评价 [J]. 中国水土保持，2011 (6): 19-21.

[40] 陈进，黄薇. 河流健康评价理论及在长江的应用 [M]. 武汉：长江出版社，2010.

[41] 杜绍敏，龚文峰，杜崇，等. 嫩江下游土地沙化的时空变化——基于 MODIS 数据的遥感分析 [J]. 自然灾害学报，2009，18 (5): 131-137.

[42] 杜芙蓉，河流生态系统健康评价与预警研究 [D]，南京：河海大学，2009.
[43] 颜利，王金坑，黄浩. 基于 PSR 框架模型的东溪流域生态系统健康评价 [J]. 资源科学，2008 (1)：107 - 113.
[44] 吴炳方，罗治敏. 基于遥感信息的流域生态系统健康评价一以大宁河流域为例 [J]. 长江流域资源与环境，2007，16 (1)：102 - 106.
[45] 蔡燕，王会肖. 生态系统健康及其评价研究进展 [J]. 中国生态农业学报，2007 (2)：184 - 187.
[46] 史红玲，胡春宏，王延贵，等. 松花江干流河道演变与维持河道稳定的需水量研究 [J]. 水利学报，2007 (4)：473 - 480.
[47] 刘晓燕，张原峰. 健康黄河的内涵及其指标 [J]. 水利学报，2006 (6)：649 - 654.
[48] 董哲仁. 国外河流健康评估技术 [J]. 水利水电技术，2005 (11)：15 - 19.
[49] 董哲仁. 河流健康的内涵 [J]. 中国水利，2005 (4)：15 - 18.
[50] 王薇，李传奇. 维持河流健康生命研究 [J]. 人民黄河，2005 (7)：1 - 3，63.
[51] 李国英. 维持河流健康生命——以黄河为例 [J]. 人民黄河，2005 (11)：5 - 8，81.
[52] 吴阿娜. 河流健康状况评价及其在河流管理中的应用 [D]. 华东师范大学，2005.
[53] 罗跃初，周忠轩，孙轶，等. 流域生态系统健康评价方法 [J]. 生态学报，2003，23 (8)：1606 - 1614.
[54] 董崇智. 中国淡水冷水性鱼类 [M]. 哈尔滨：黑龙江科技出版社，2000.
[55] 张觉民，何志辉. 内陆水域渔业自然资源调查手册 [M]. 北京：中国农业出版社，1991.
[56] 张觉民. 黑龙江省鱼类志 [M]. 哈尔滨：黑龙江科学技术出版社，1995.
[57] 张觉民. 黑龙江省渔业资源 [M]. 牡丹江：黑龙江朝鲜民族出版社，1985.
[58] 任慕莲. 黑龙江鱼类 [M]. 哈尔滨：黑龙江人民出版社，1980.

彩　图

文后彩图 1　大顶子山航电枢纽

文后彩图 2　大顶子山枢纽拦河坝

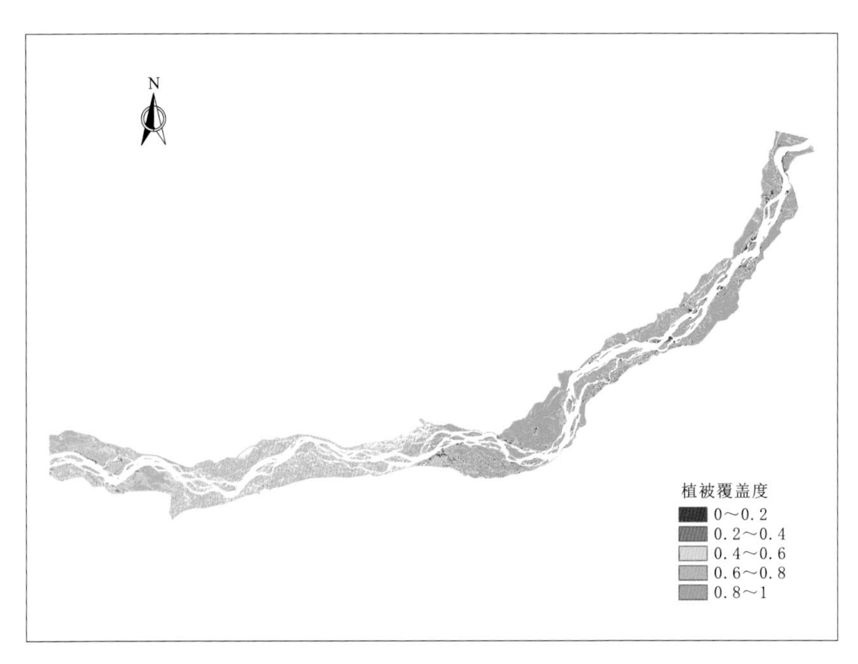

文后彩图 3　松花江河段Ⅰ植被覆盖度分级图

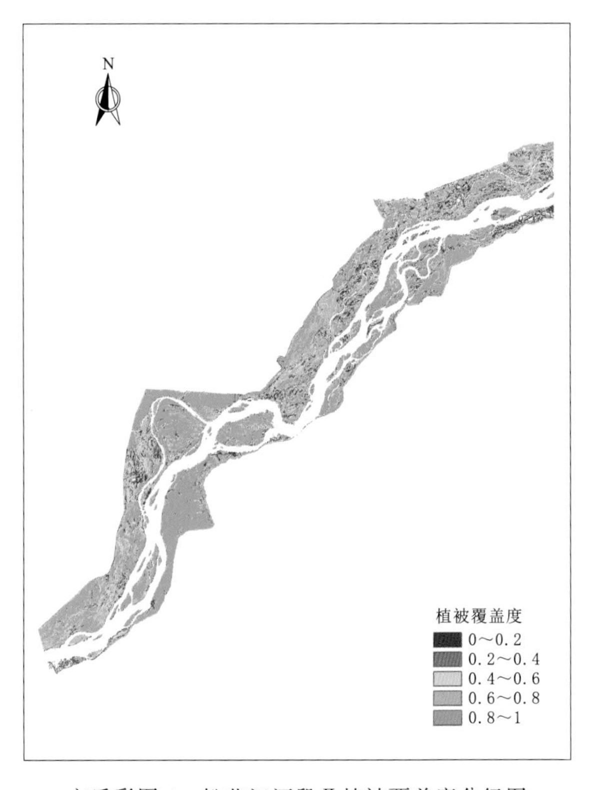

文后彩图 4　松花江河段Ⅱ植被覆盖度分级图

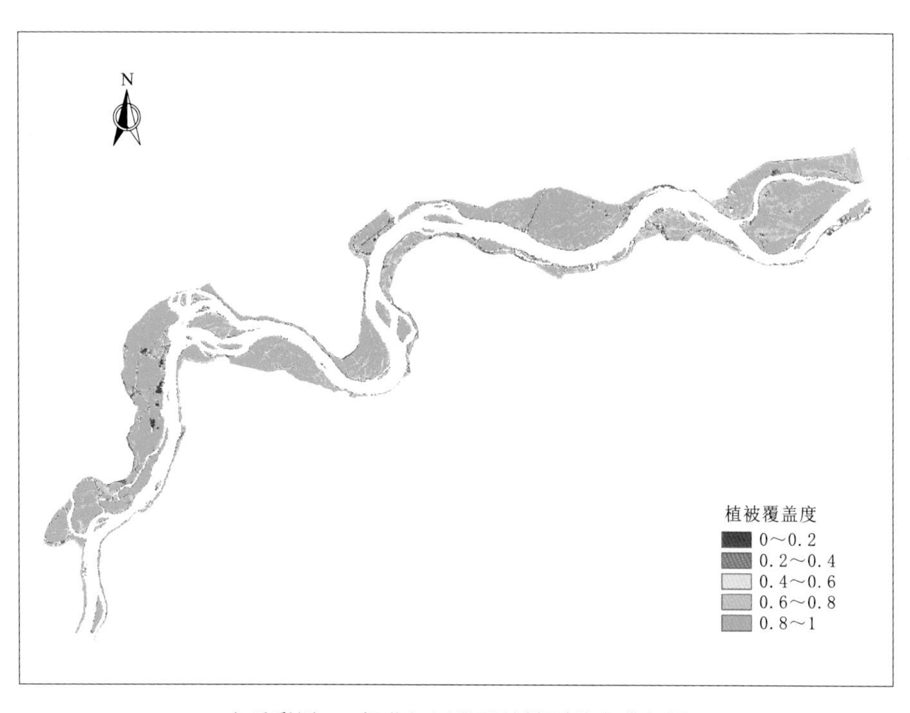

文后彩图 5　松花江河段Ⅲ植被覆盖度分级图

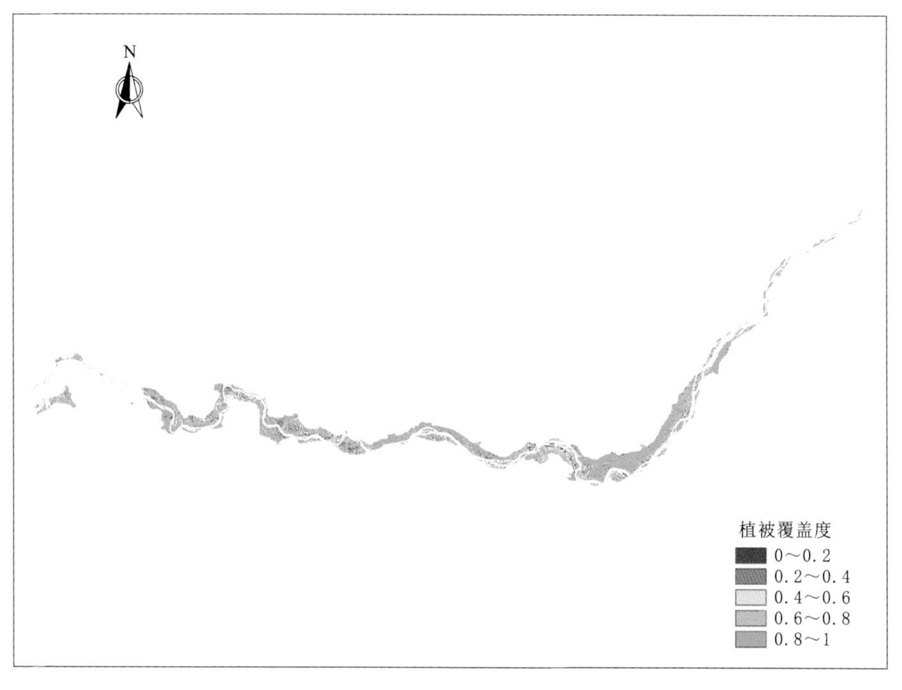

文后彩图 6　松花江河段Ⅳ植被覆盖度分级图

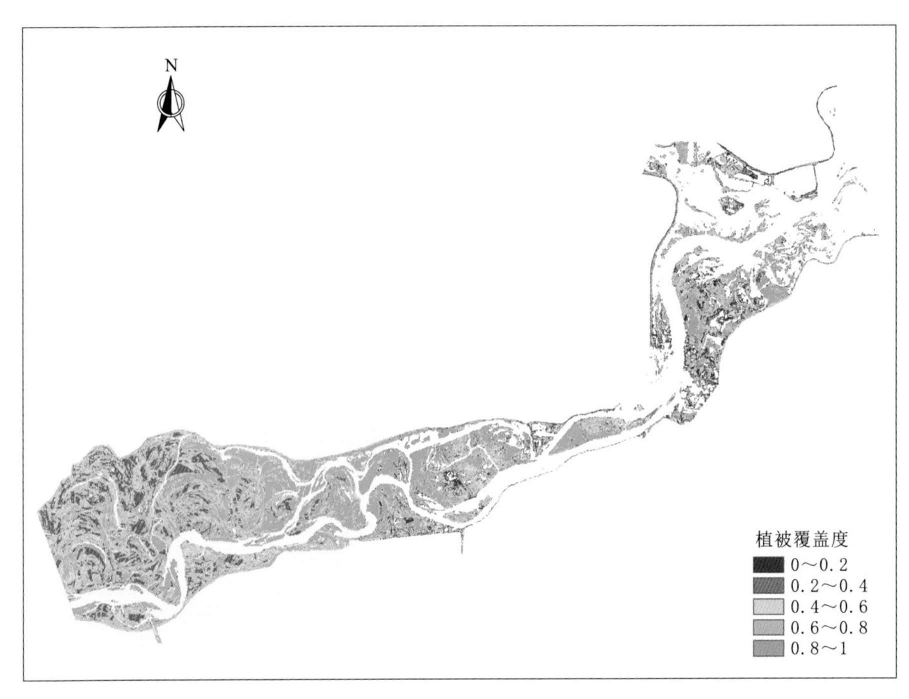

文后彩图 7　松花江河段Ⅴ植被覆盖度分级图

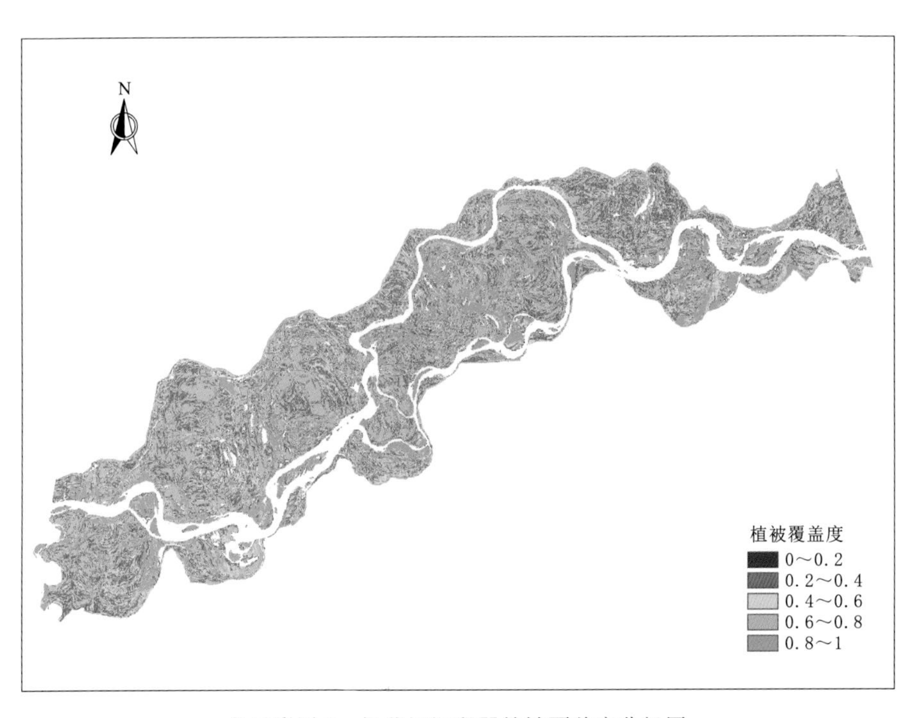

文后彩图 8　松花江河段Ⅵ植被覆盖度分级图

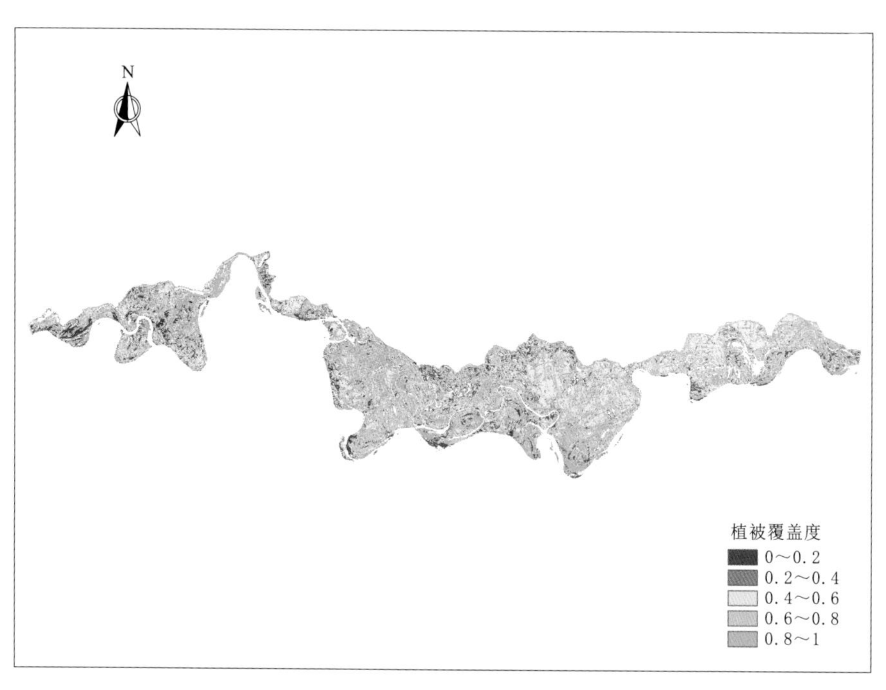

文后彩图9　松花江河段Ⅶ植被覆盖度分级图

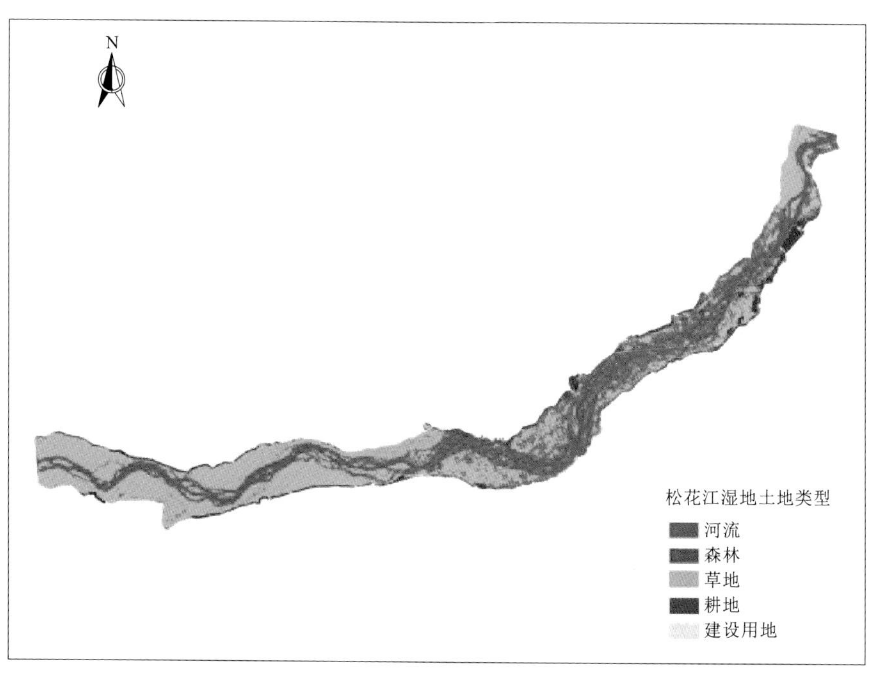

(a) 1984—1989年

文后彩图10（一）　松花江河段Ⅰ湿地分布图

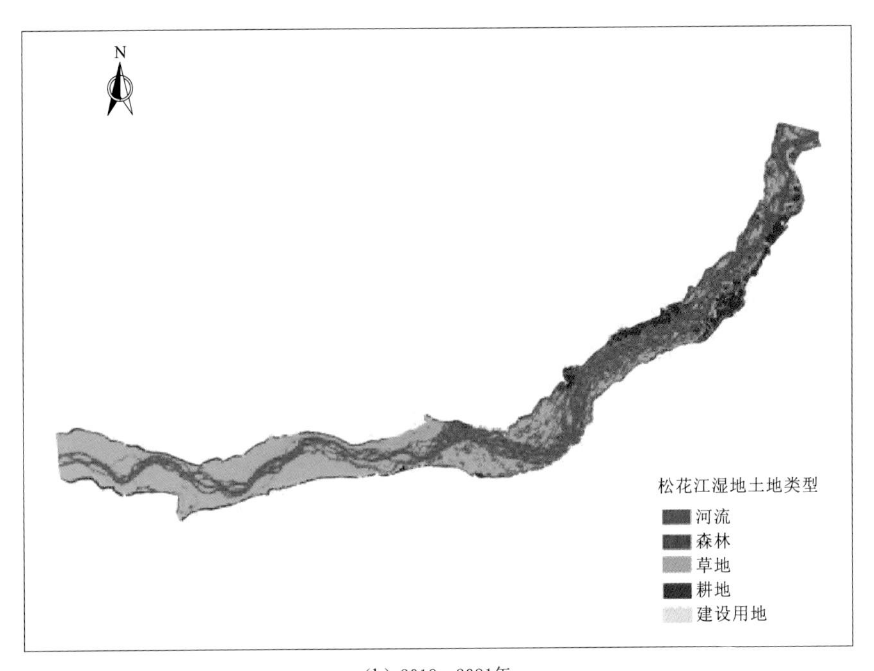

(b) 2019—2021年

文后彩图 10（二） 松花江河段Ⅰ湿地分布图

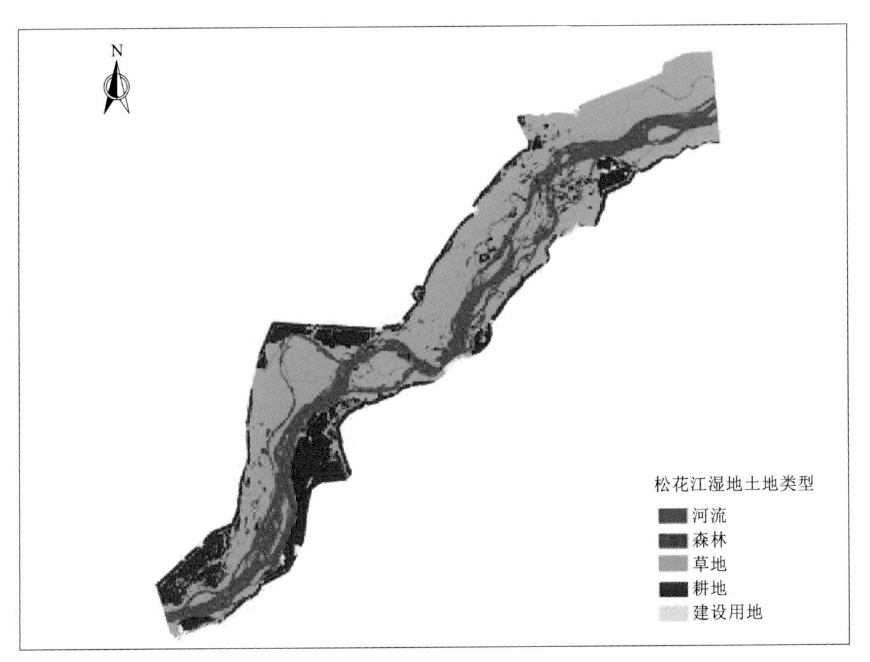

(a) 1984—1989年

文后彩图 11（一） 松花江河段Ⅱ湿地分布图

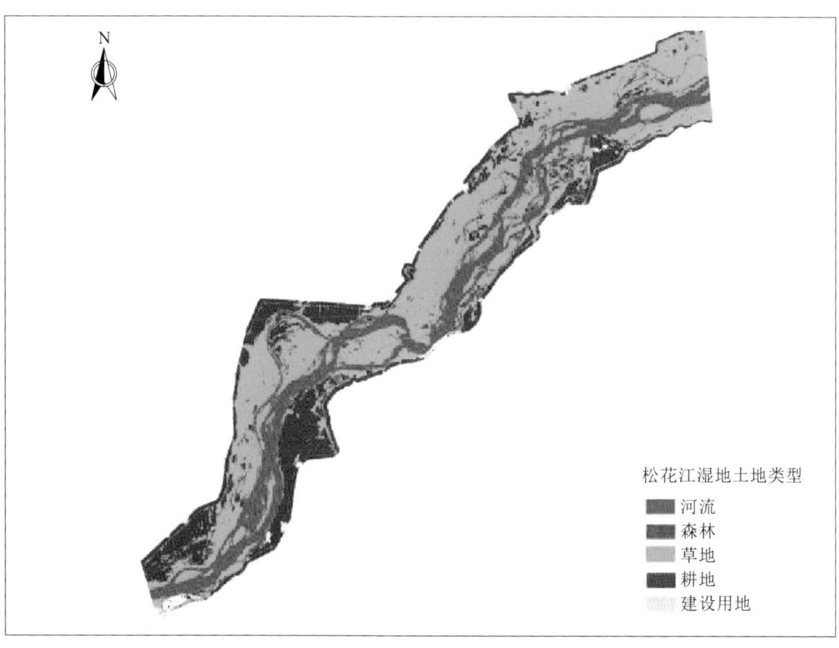

（b）2019—2021年

文后彩图 11（二） 松花江河段Ⅱ湿地分布图

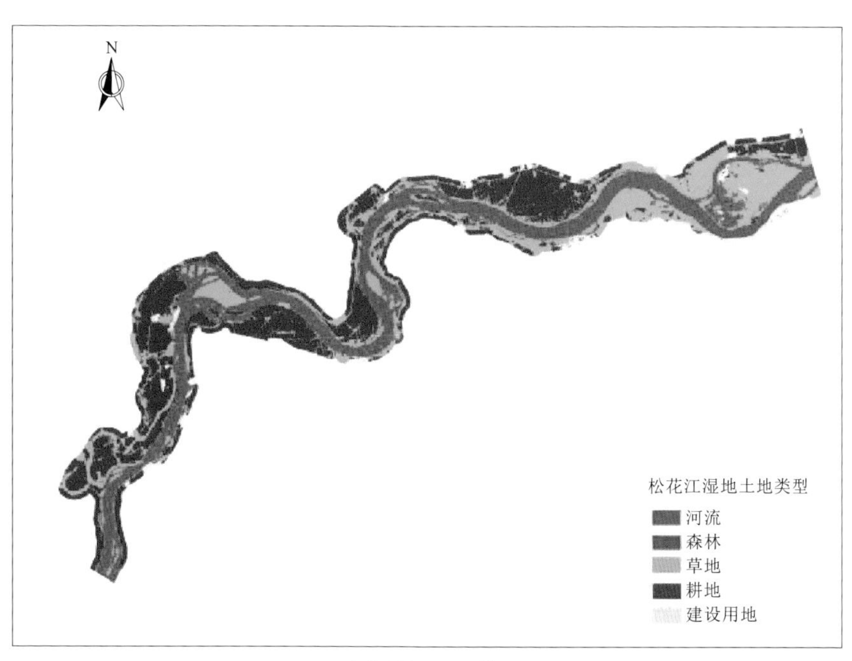

（a）1984—1989年

文后彩图 12（一） 松花江河段Ⅲ湿地分布图

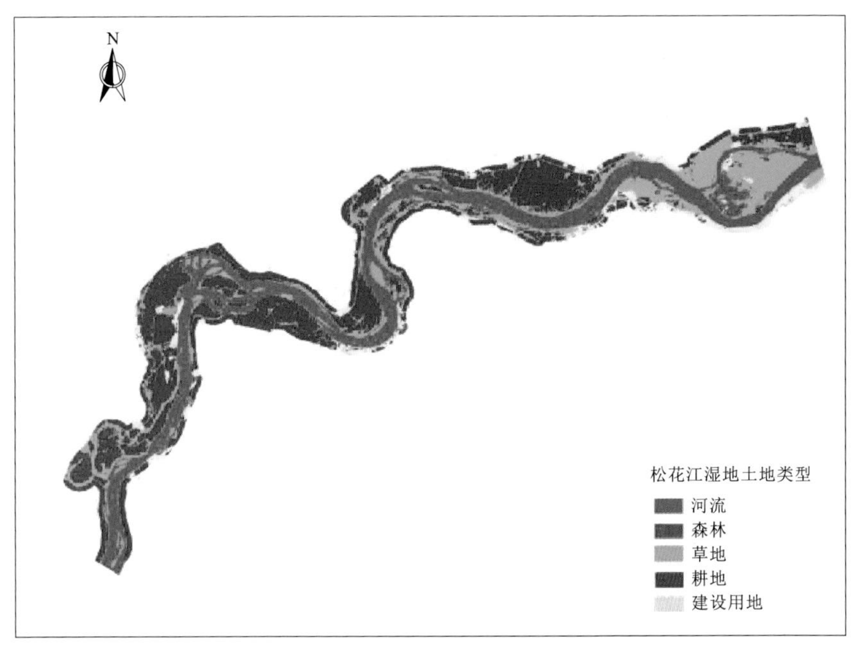

（b）2019—2021年

文后彩图 12（二） 松花江河段Ⅲ湿地分布图

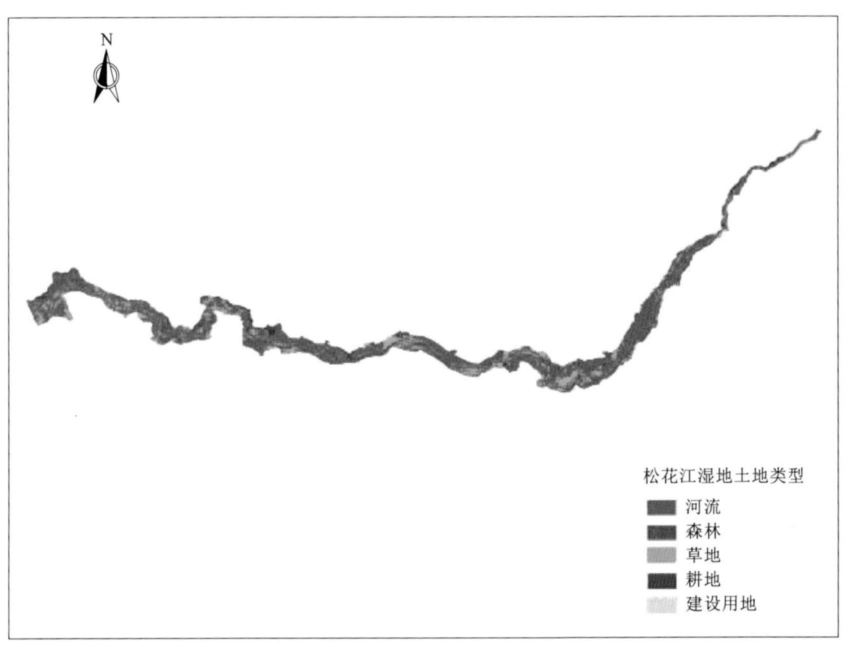

（a）1984—1989年

文后彩图 13（一） 松花江河段Ⅳ湿地分布图

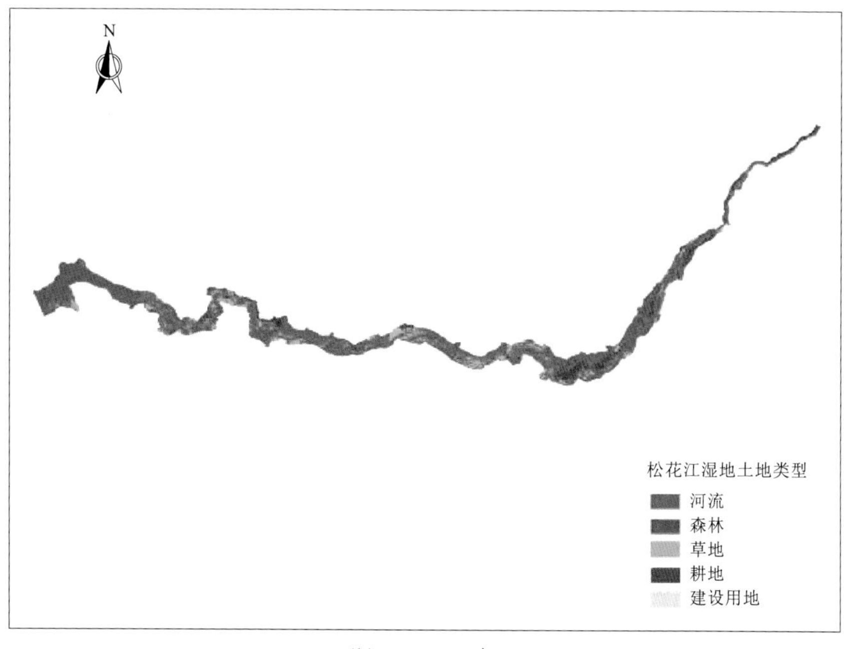

（b）2019—2021年

文后彩图 13（二） 松花江河段Ⅳ湿地分布图

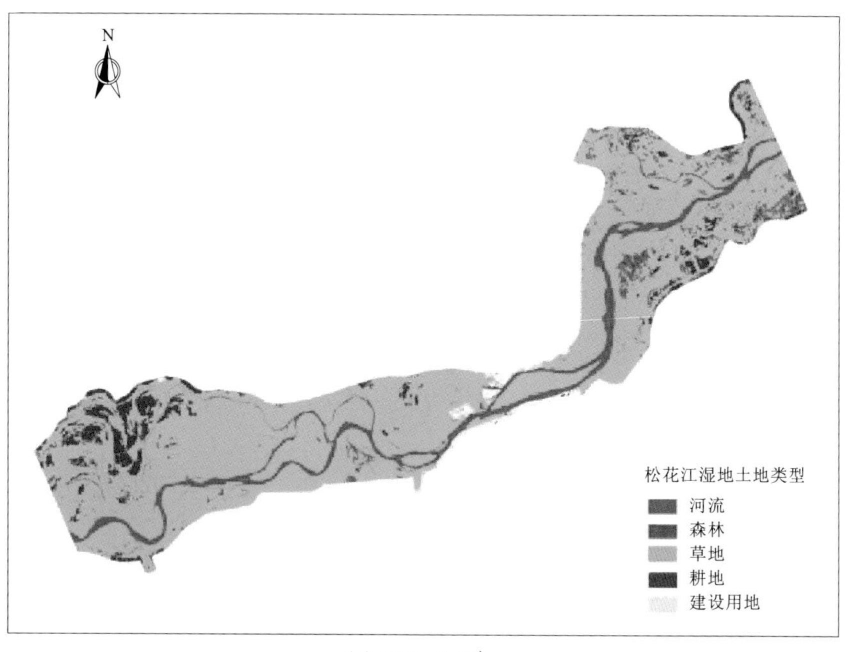

（a）1984—1989年

文后彩图 14（一） 松花江河段Ⅴ湿地分布图

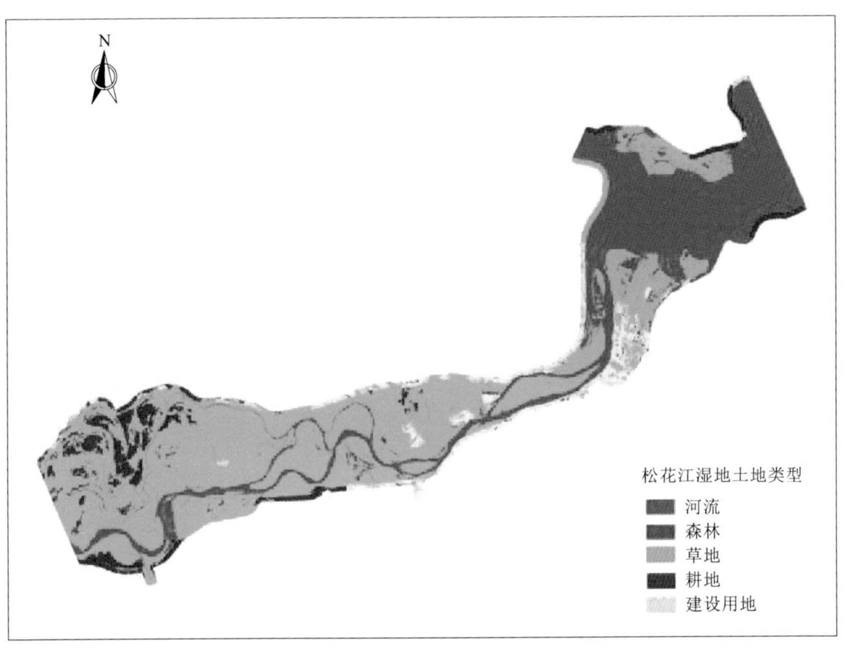

（b）2019—2021年

文后彩图 14（二） 松花江河段Ⅴ湿地分布图

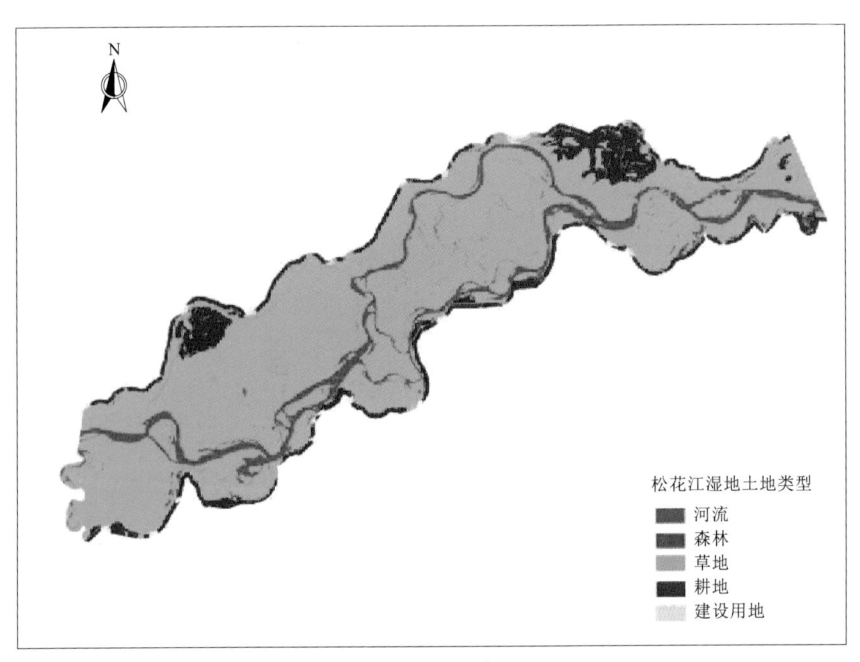

（a）1984—1989年

文后彩图 15（一） 松花江河段Ⅵ湿地分布图

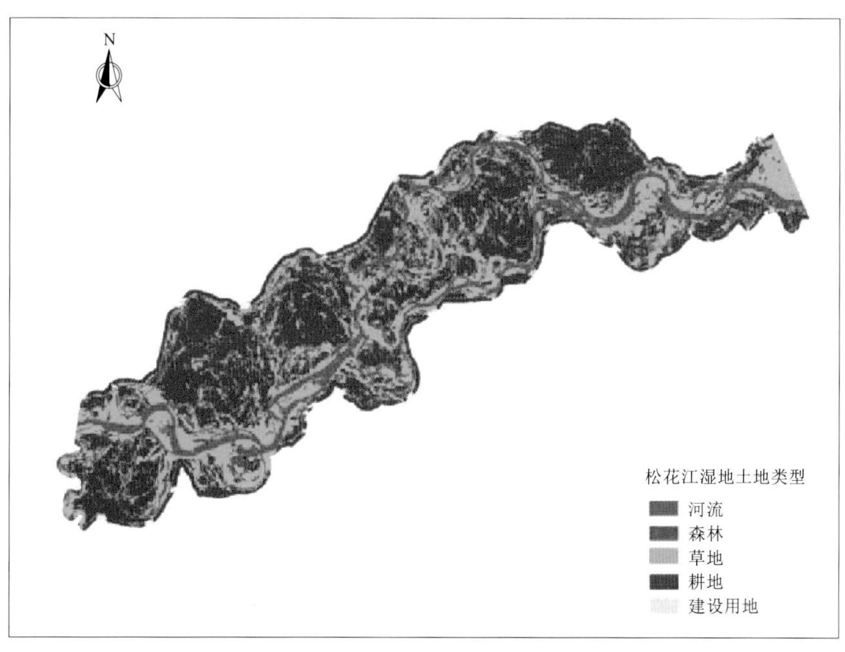

（b）2019—2021年

文后彩图 15（二） 松花江河段Ⅵ湿地分布图

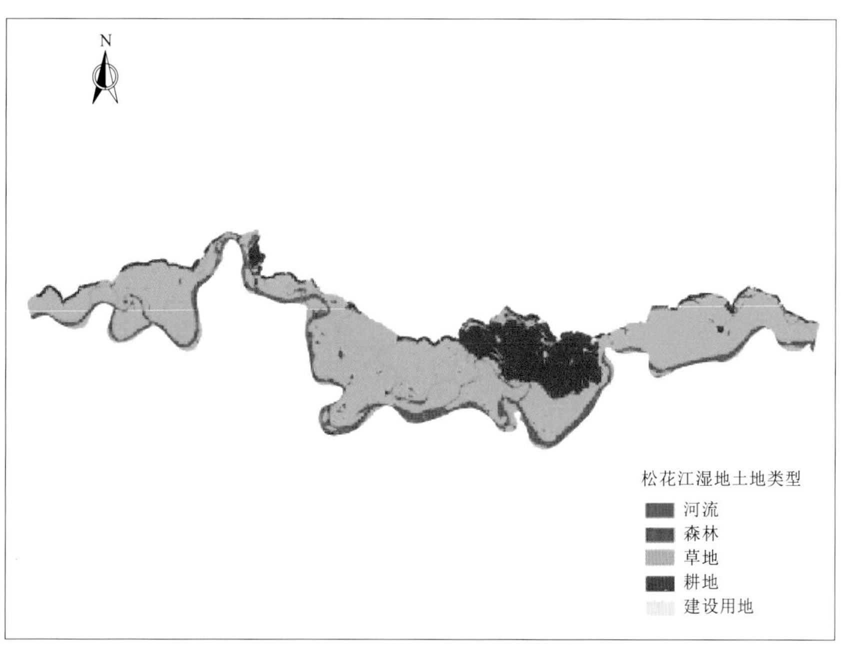

（a）1984—1989年

文后彩图 16（一） 松花江河段Ⅶ湿地分布图

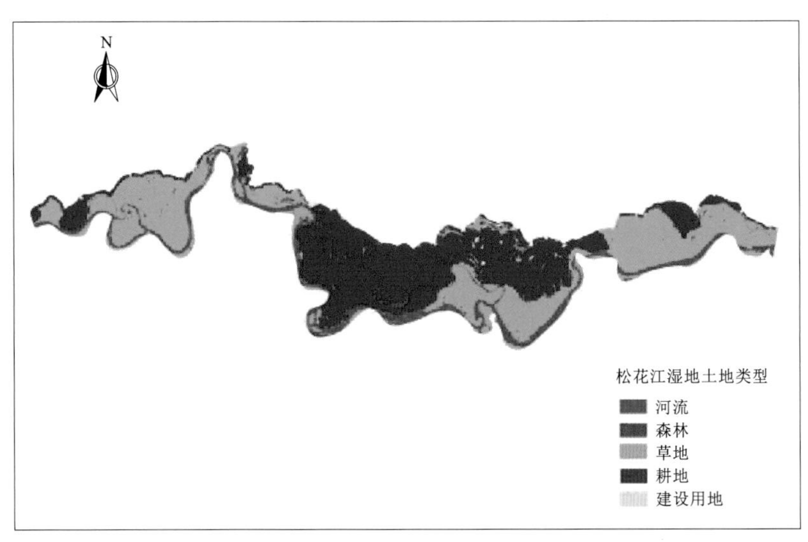

（b）2019—2021年

文后彩图 16（二） 松花江河段Ⅶ湿地分布图

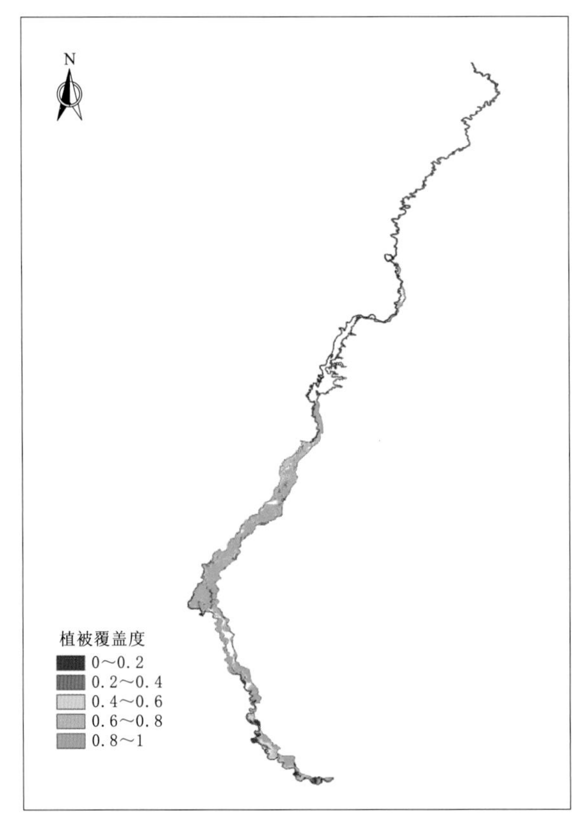

文后彩图 17 嫩江干流河岸带植被覆盖度分级图

（a）1989年

（b）2020年

文后彩图 18　嫩江 1989 年和 2020 年湿地土地类型

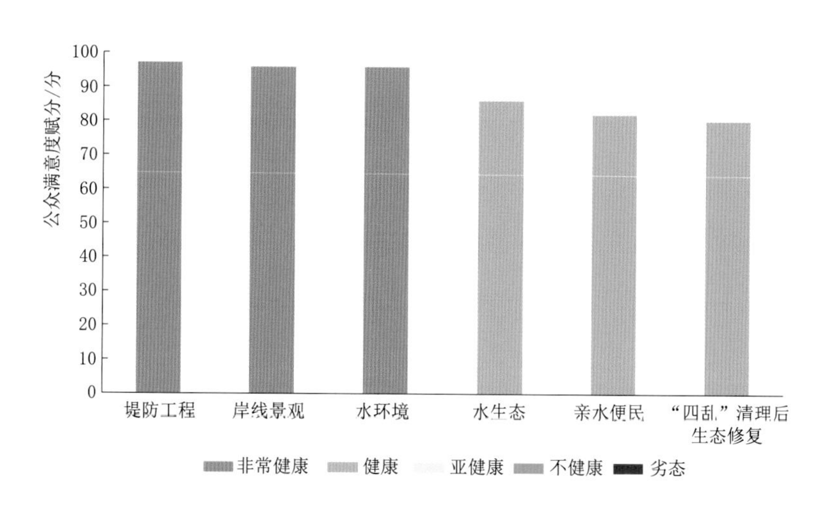

文后彩图 19　嫩江公众满意度调查结果

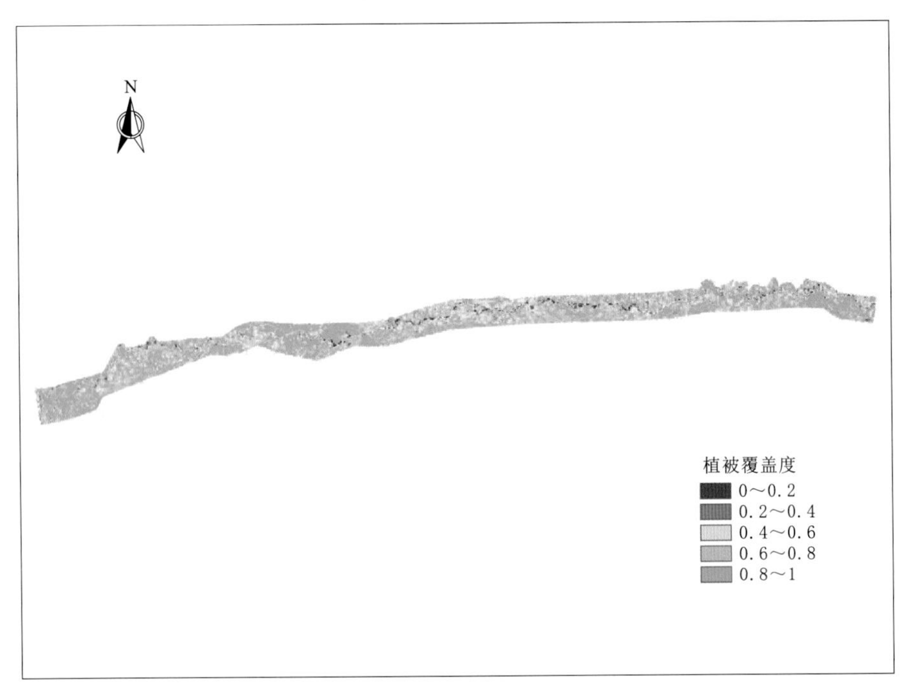

文后彩图 20　讷谟尔河河段Ⅰ植被覆盖度分级图

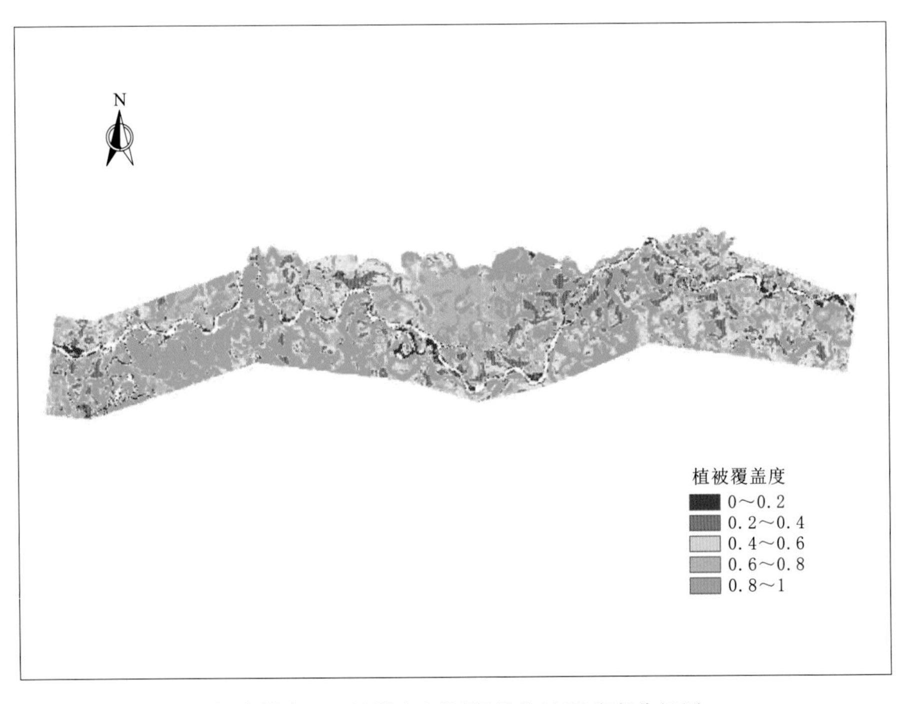

文后彩图 21　讷谟尔河河段Ⅱ植被覆盖度分级图

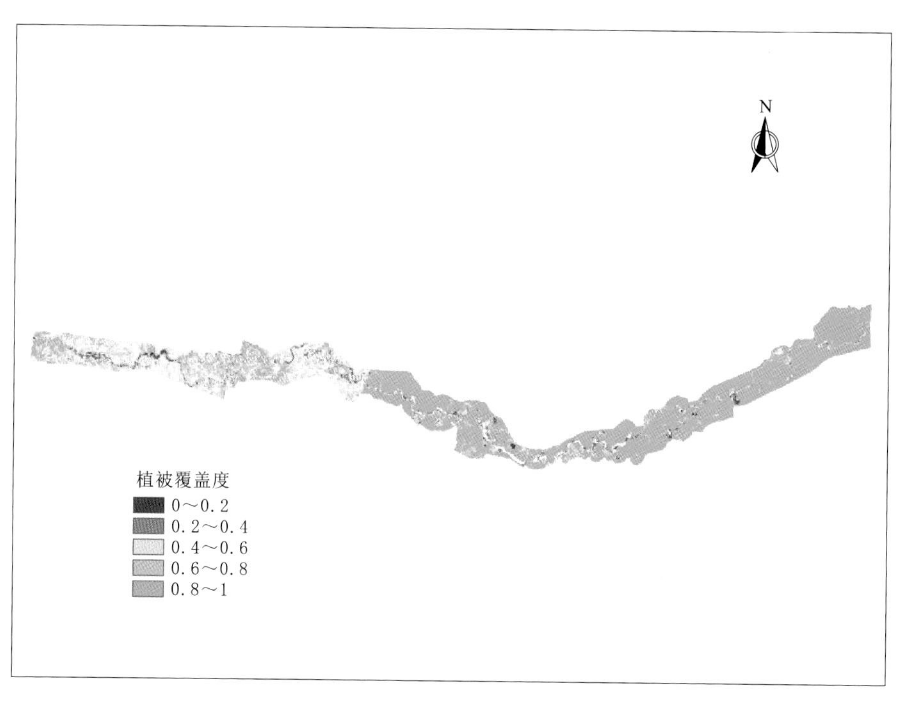

文后彩图 22　讷谟尔河河段Ⅲ植被覆盖度分级图

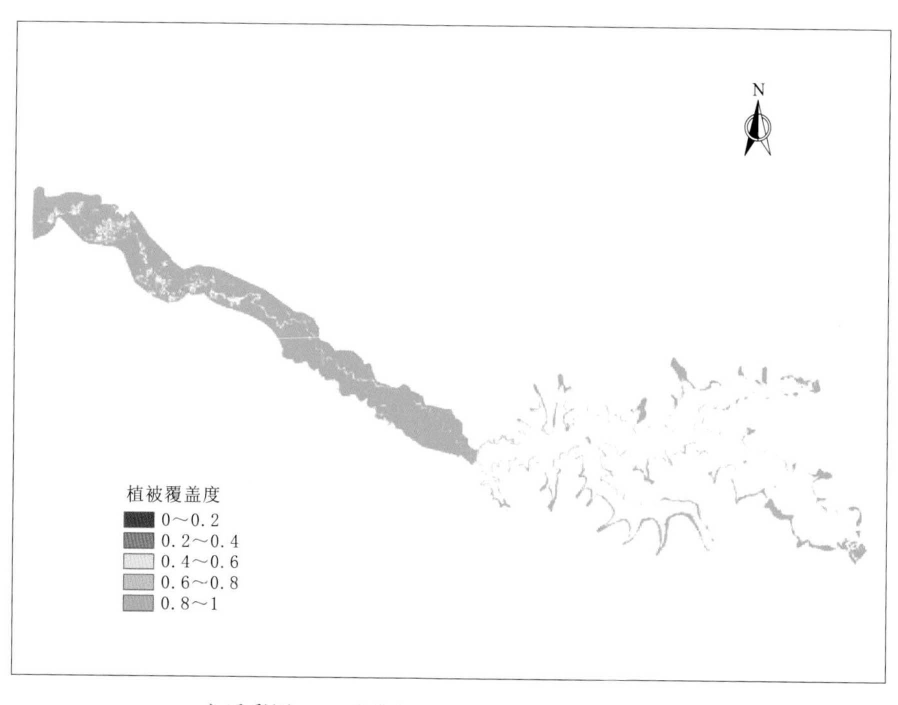

文后彩图 23　讷谟尔河河段Ⅳ植被覆盖度分级图

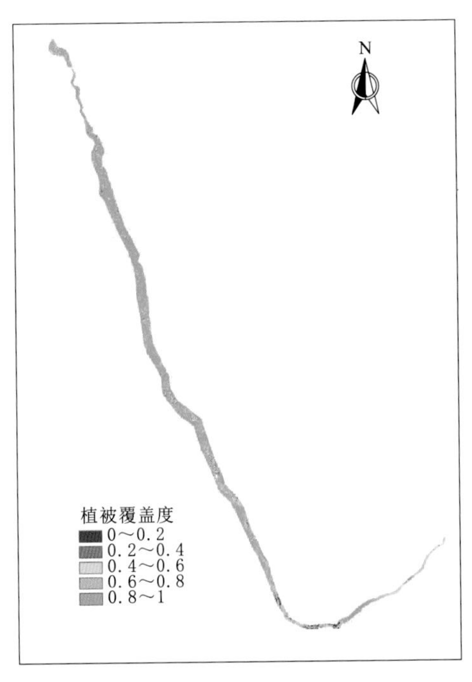

文后彩图 24　讷谟尔河河段Ⅴ植被覆盖度分级图

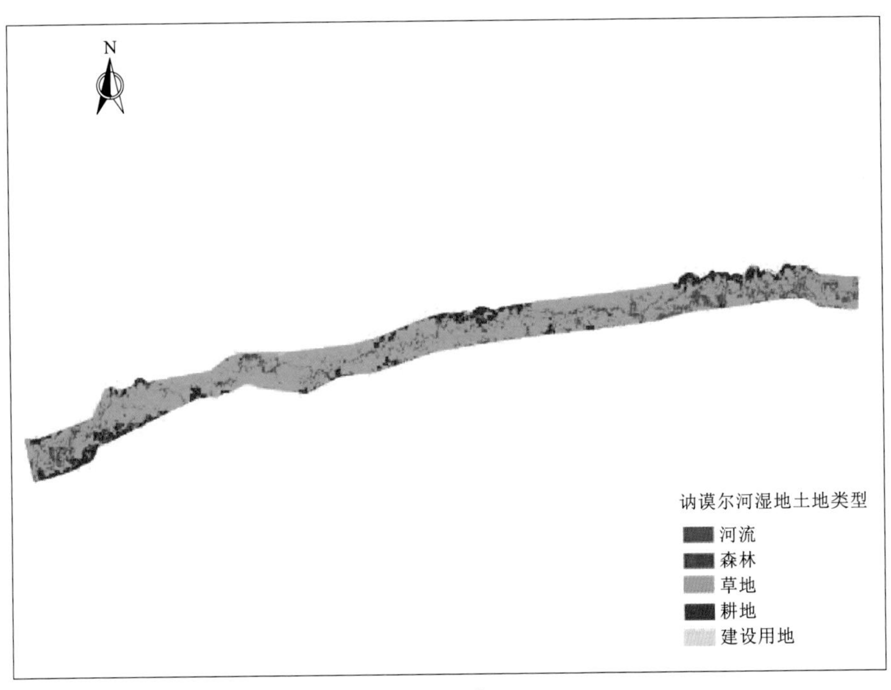

（a）1986年

文后彩图 25（一）　讷谟尔河河段Ⅰ湿地分布图

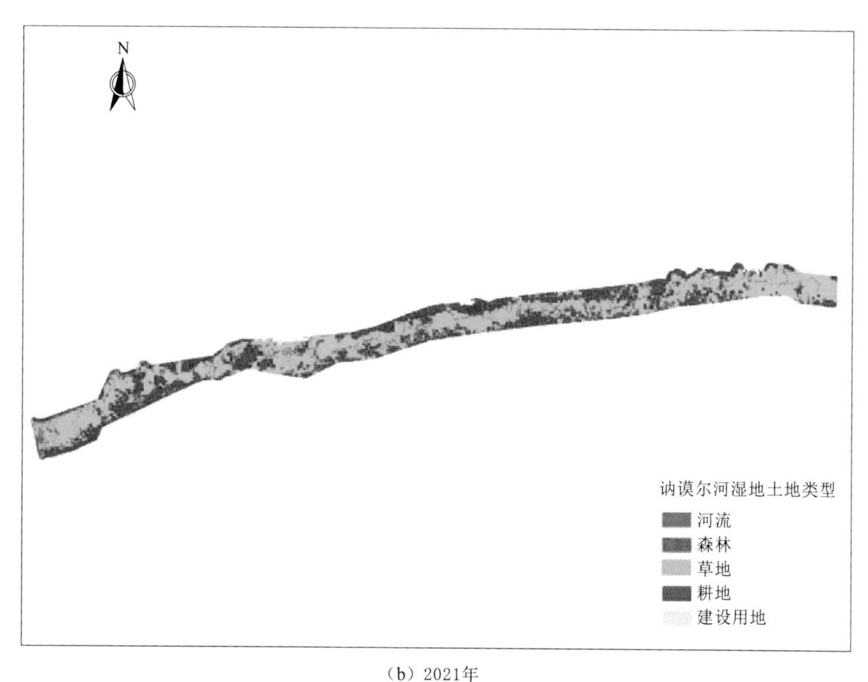

（b）2021年

文后彩图 25（二） 讷谟尔河河段Ⅰ湿地分布图

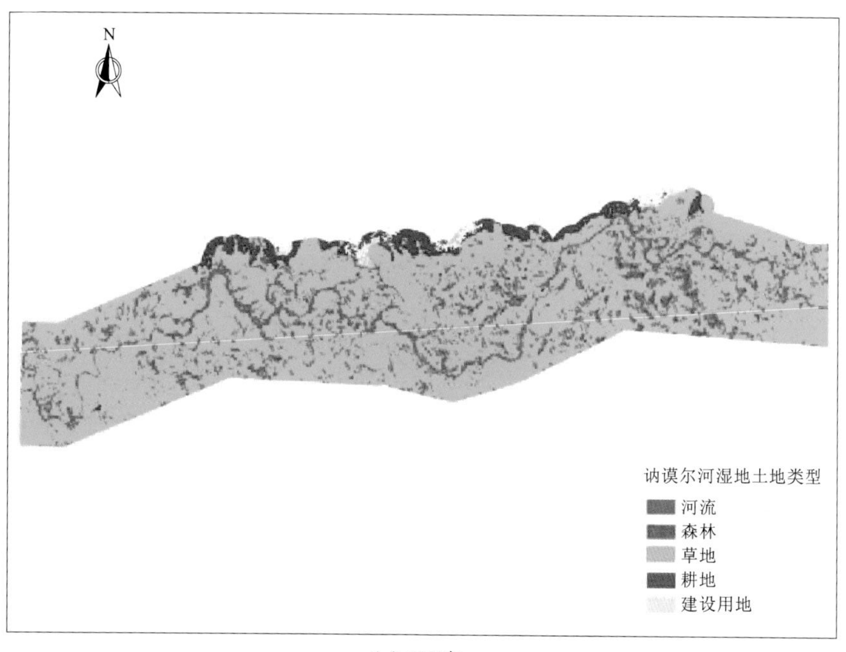

（a）1986年

文后彩图 26（一） 讷谟尔河河段Ⅱ湿地分布图

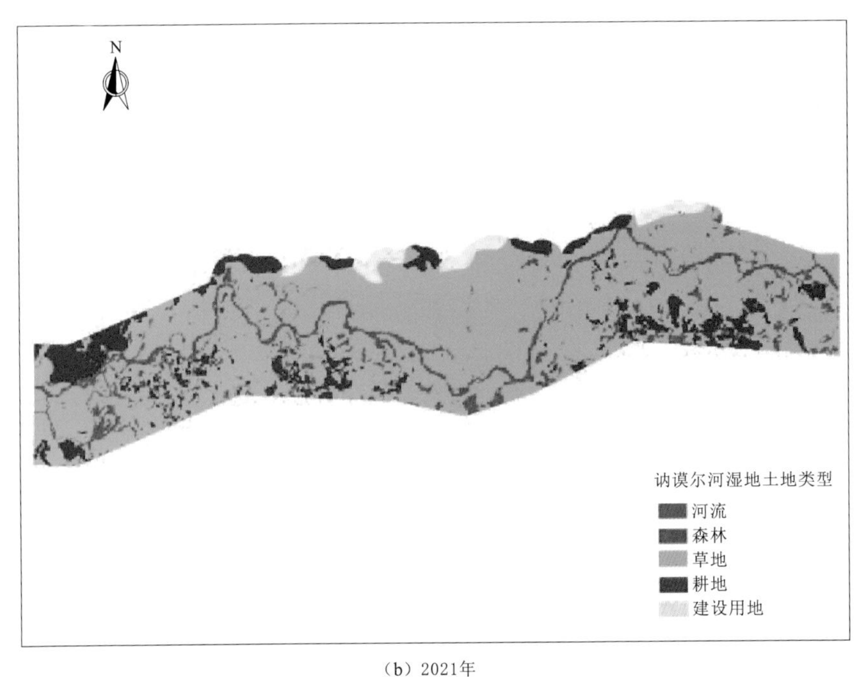

(b) 2021年

文后彩图 26（二） 讷谟尔河河段Ⅱ湿地分布图

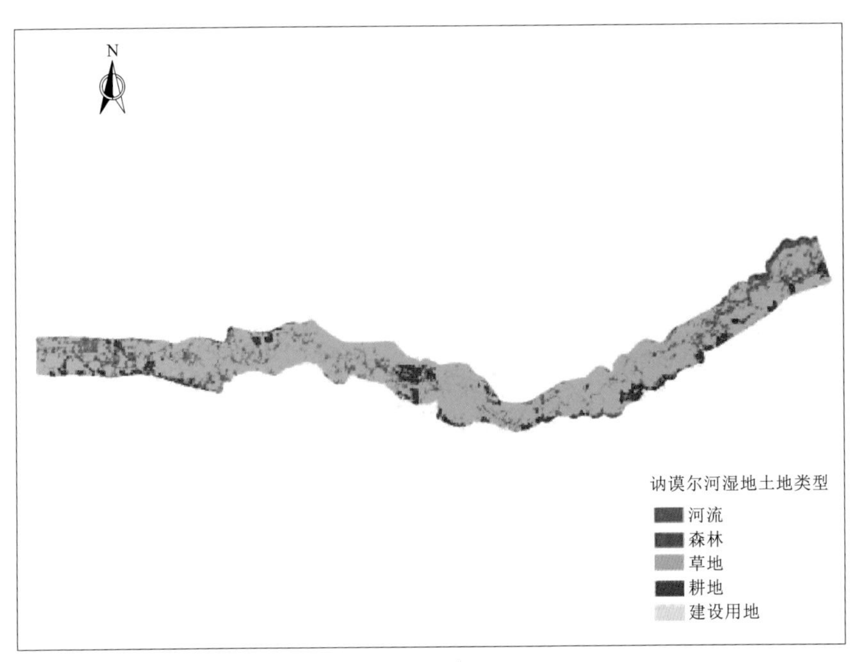

(a) 1986年

文后彩图 27（一） 讷谟尔河河段Ⅲ湿地分布图

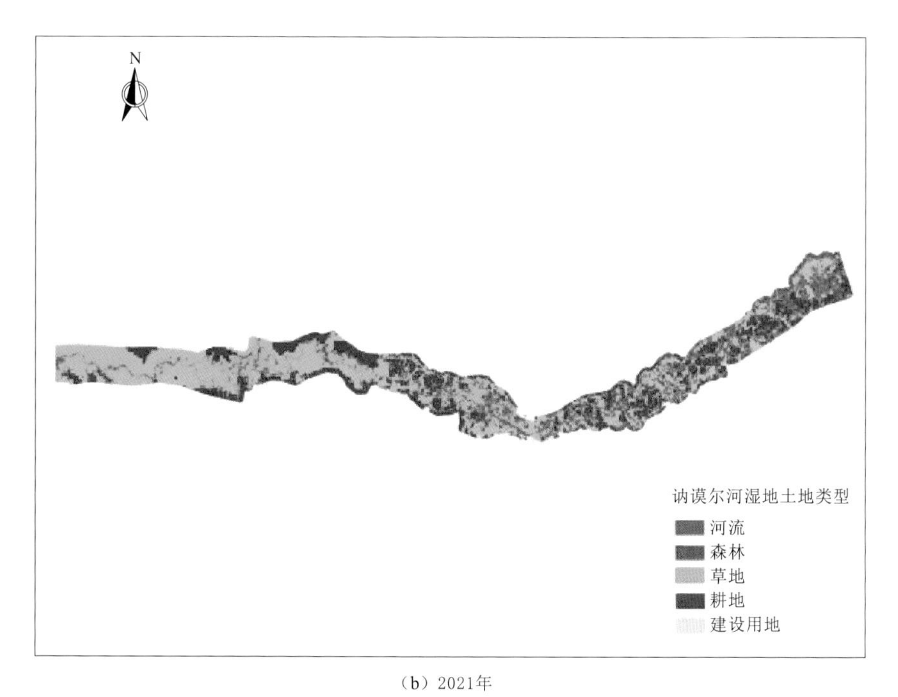

（b）2021年

文后彩图 27（二） 纳谟尔河河段Ⅲ湿地分布图

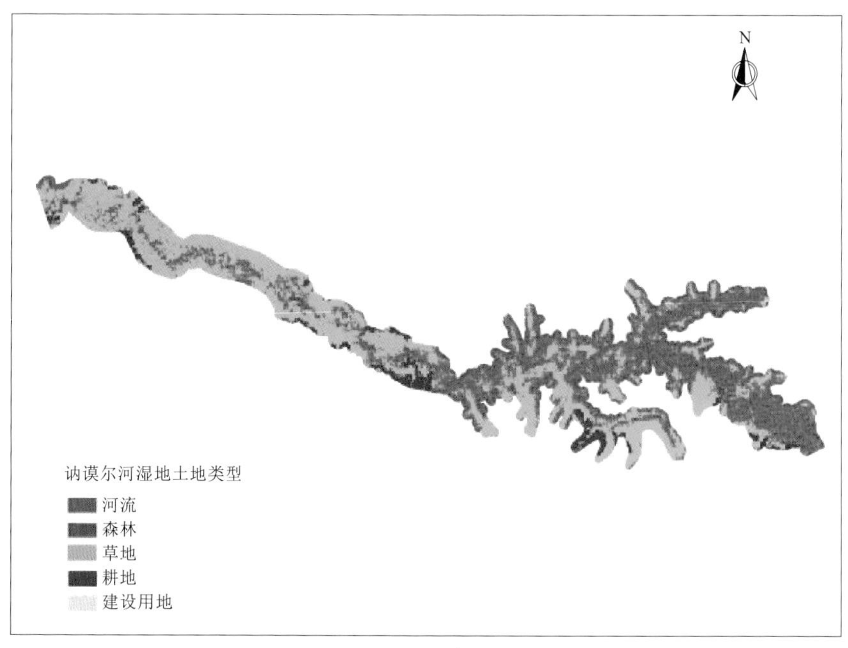

（a）1986年

文后彩图 28（一） 纳谟尔河河段Ⅳ湿地分布图

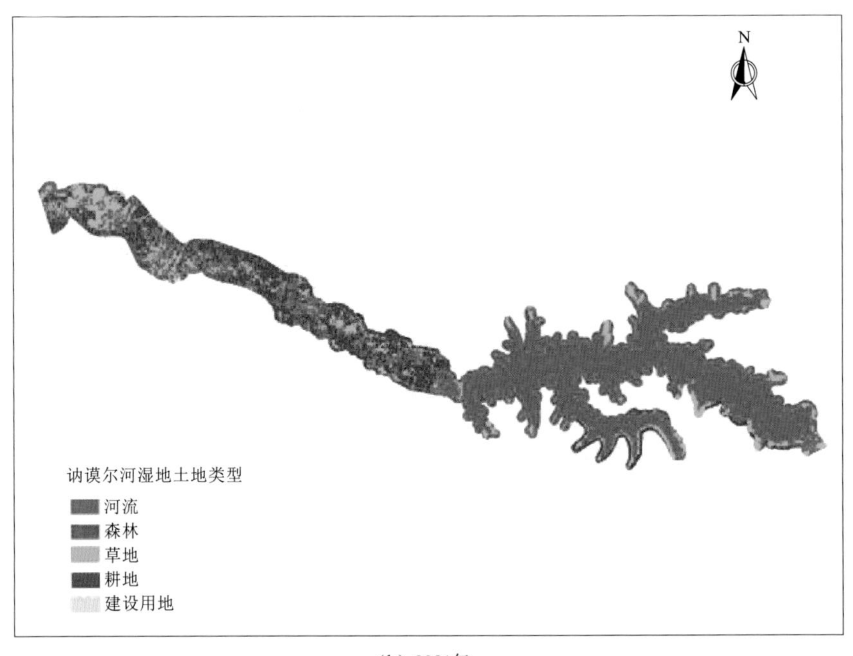

（b）2021年

文后彩图 28（二） 纳谟尔河河段Ⅳ湿地分布图

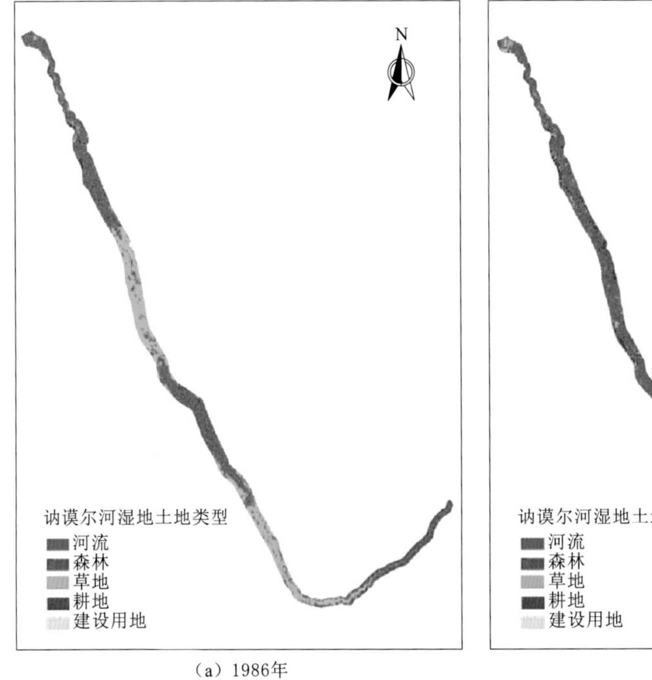

（a）1986年

（b）2021年

文后彩图 29 纳谟尔河河段Ⅴ湿地分布图

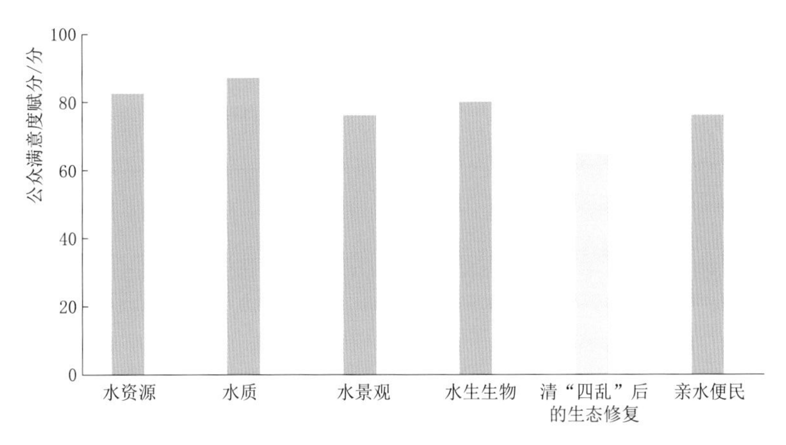

文后彩图 30　讷谟尔河公众满意度调查结果

文后彩图 31　桃山水库

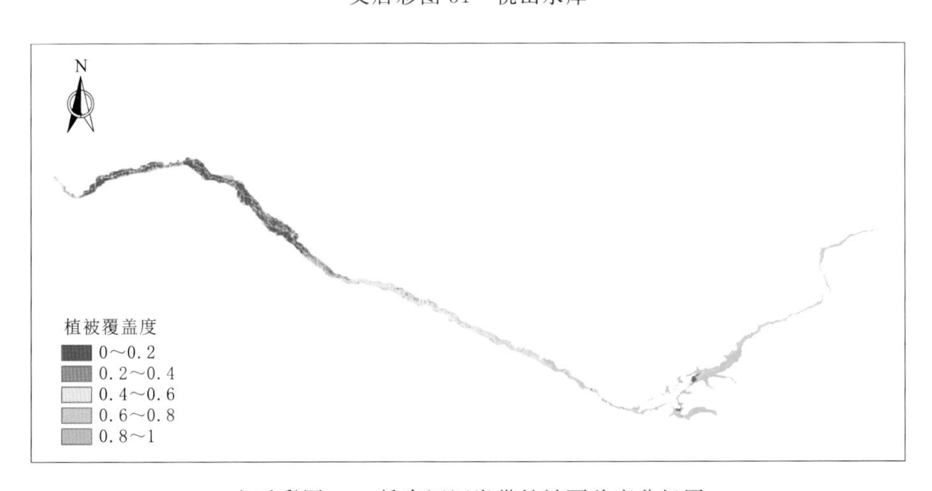

文后彩图 32　倭肯河河岸带植被覆盖度分级图

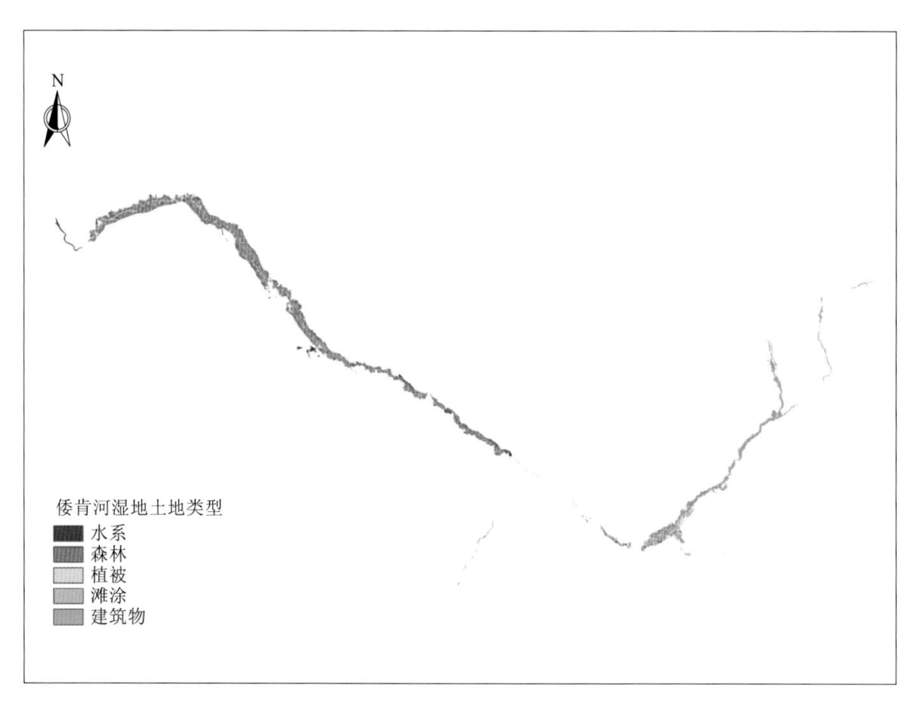

文后彩图 33　倭肯河 1987 年湿地土地类型分布

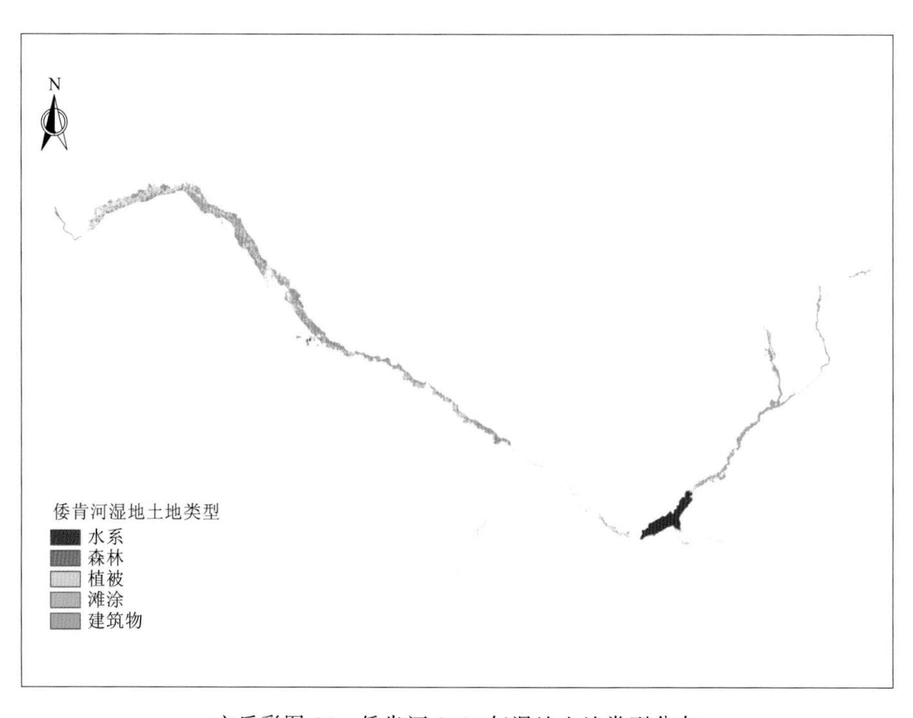

文后彩图 34　倭肯河 2020 年湿地土地类型分布

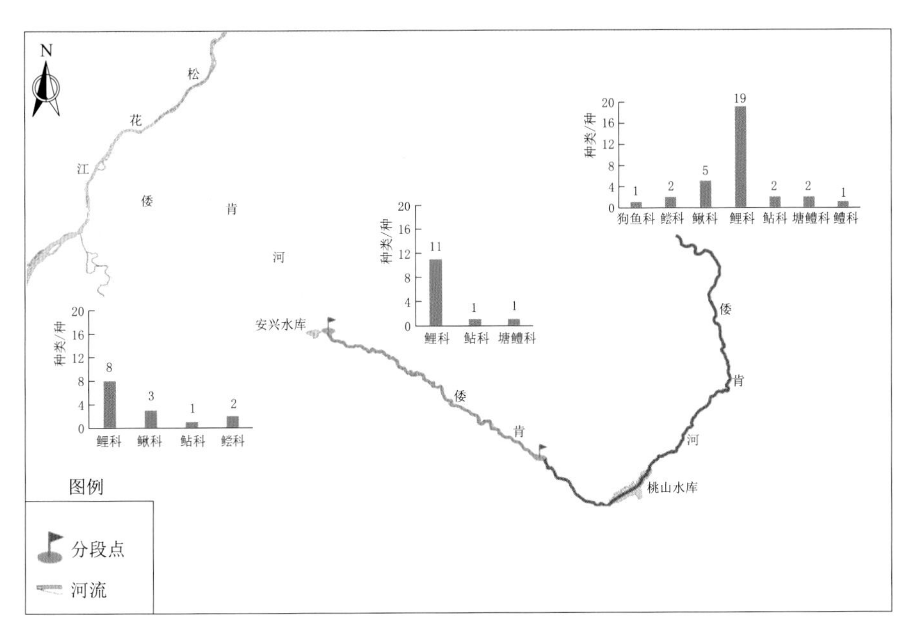

文后彩图 35　倭肯河监测断面鱼类种类

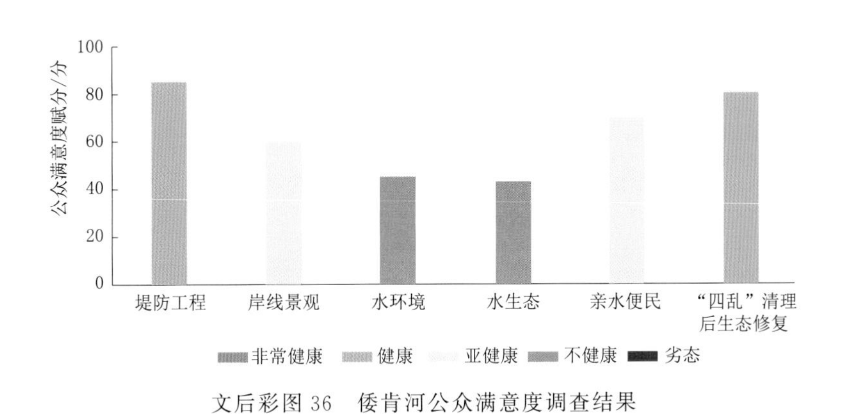

文后彩图 36　倭肯河公众满意度调查结果

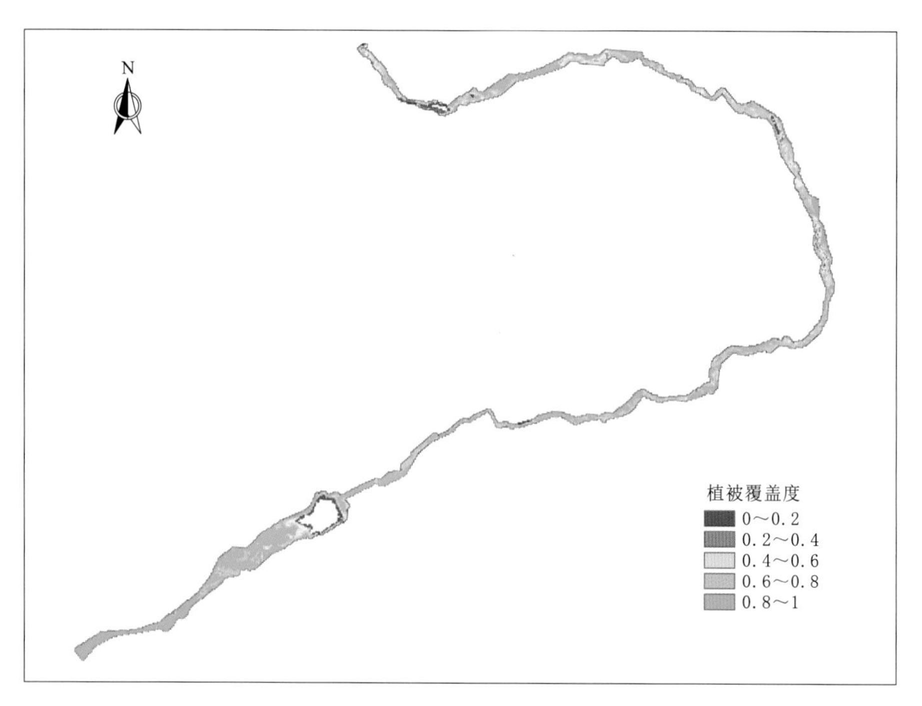

文后彩图 37　茄子河植被覆盖度分级图

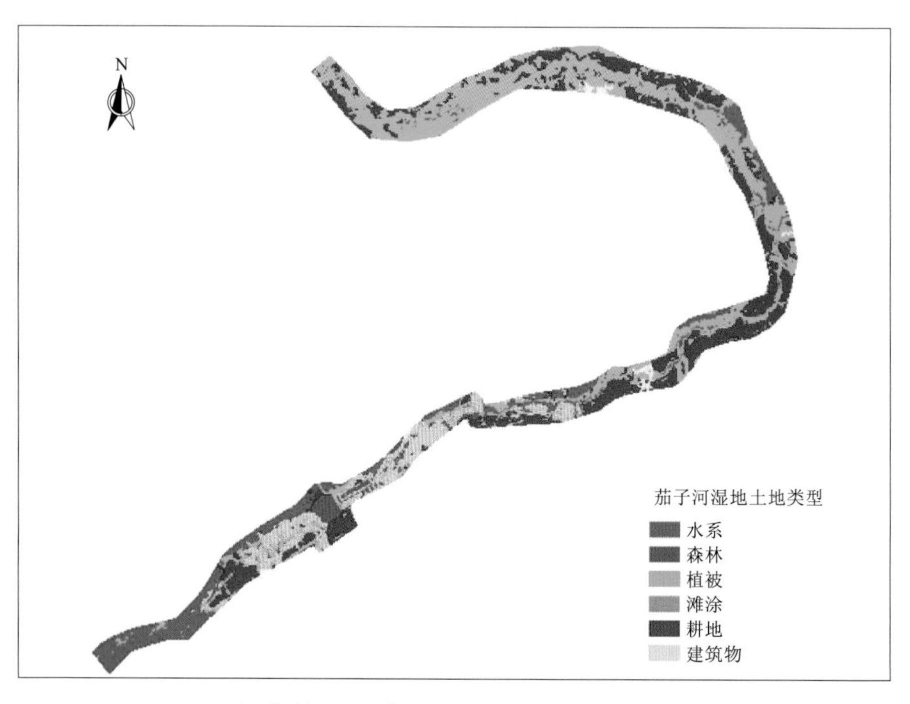

文后彩图 38　茄子河干流 1986 年湿地分布

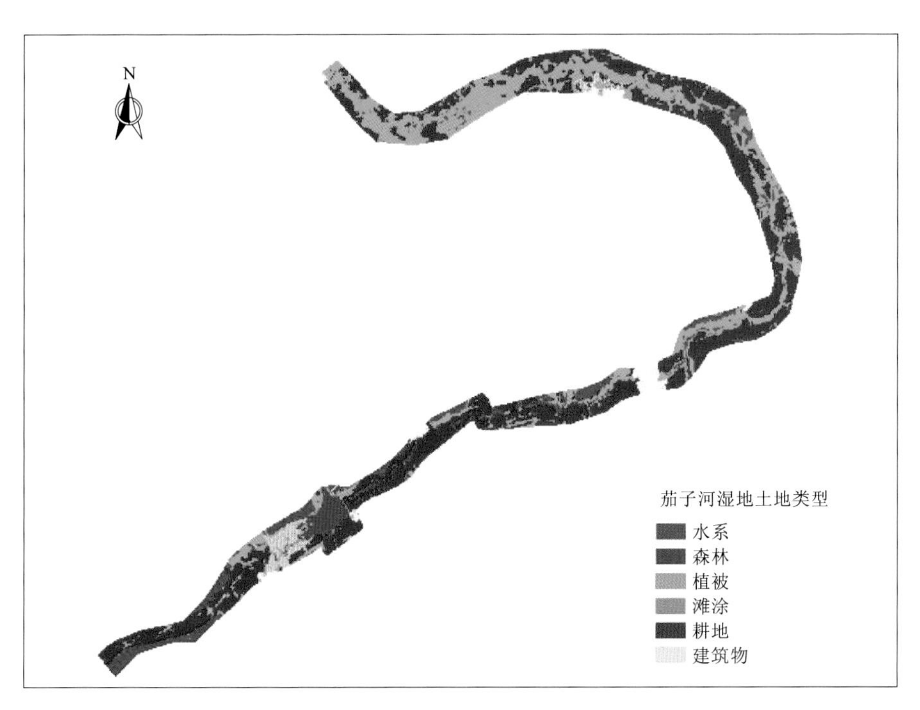

文后彩图 39　茄子河干流 2019 年湿地分布

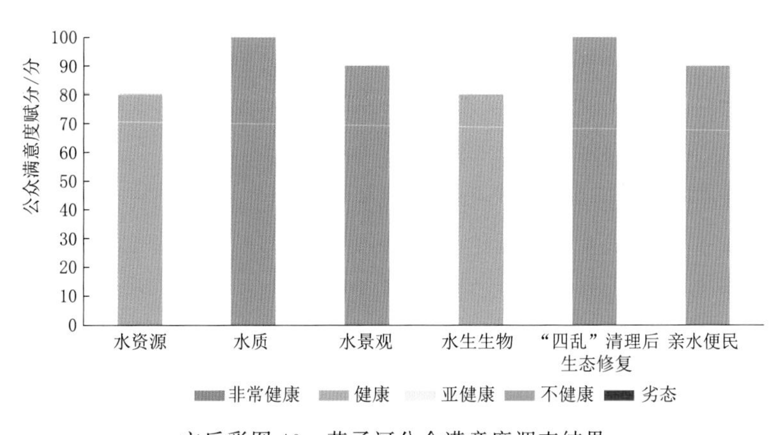

文后彩图 40　茄子河公众满意度调查结果